住房和城乡建设部“十四五”规划教材
全国住房和城乡建设职业教育
教学指导委员会建筑设计与规划
专业指导委员会规划推荐教材
高等职业教育建筑与规划类专业
“十四五”数字化新形态教材

建筑造型基础

（第二版）

主　编　姜铁山　张大治
副主编　周幸子　吴路漫
孙耀龙
主　审　邹　宁

中国建筑工业出版社

出版说明

党和国家高度重视教材建设。2016年，中办国办印发了《关于加强和改进新形势下大中小学教材建设的意见》，提出要健全国家教材制度。2019年12月，教育部牵头制定了《普通高等学校教材管理办法》和《职业院校教材管理办法》，旨在全面加强党的领导，切实提高教材建设的科学化水平，打造精品教材。住房和城乡建设部历来重视土建类学科专业教材建设，从“九五”开始组织部级规划教材立项工作，经过近30年的不断建设，规划教材提升了住房和城乡建设行业教材质量和认可度，出版了一系列精品教材，有效促进了行业部门引导专业教育，推动了行业高质量发展。

为进一步加强高等教育、职业教育住房和城乡建设领域学科专业教材建设工作，提高住房和城乡建设行业人才培养质量，2020年12月，住房和城乡建设部办公厅印发《关于申报高等教育职业教育住房和城乡建设领域学科专业“十四五”规划教材的通知》（建办人函〔2020〕656号），开展了住房和城乡建设部“十四五”规划教材选题的申报工作。经过专家评审和部人事司审核，512项选题列入住房和城乡建设领域学科专业“十四五”规划教材（简称规划教材）。2021年9月，住房和城乡建设部印发了《高等教育职业教育住房和城乡建设领域学科专业“十四五”规划教材选题的通知》（建人函〔2021〕36号）。为做好“十四五”规划教材的编写、审核、出版等工作，《通知》要求：（1）规划教材的编著者应依据《住房和城乡建设领域学科专业“十四五”规划教材申请书》（简称《申请书》）中的立项目标、申报依据、工作安排及进度，按时编写出高质量的教材；（2）规划教材编著者所在单位应履行《申请书》中的学校保证计划实施的主要条件，支持编著者按计划完成书稿编写工作；（3）高等学校土建类专业课程教材与教学资源专家委员会、全国住房和城乡建设职业教育教学指导委员会、住房和城乡建设部中等职业教育专业指导委员会应做好规划教材的指导、协调和审稿等工作，保证编写质量；（4）规划教材出版单位应积极配合，做好编辑、出版、发行等工作；（5）规划教材封面和书脊应标注“住房和城乡建设部‘十四五’规划教材”字样和统一标识；（6）规划教材应在“十四五”期间完成出版，逾期不能完成的，不再作为《住房和城乡建设领域学科专业“十四五”规划教材》。

住房和城乡建设领域学科专业“十四五”规划教材的特点，一是重点以修订教育部、住房和城乡建设部“十二五”“十三五”规划教材为主；二是严格按照专业标准规范要求编写，体现新发展理念；三是系列教材具有明显特点，满足不同层次和类型的学校专业教学要求；四是配备了数字资源，适应现代化教学的要求。规划教材的出版凝聚了作者、主审及编辑的心血，得到了有关院校、出版单位的大力支持，教材建设管理过程有严格保障。希望广大院校及各专业师生在选用、使用过程中，对规划教材的编写、出版质量进行反馈，以促进规划教材建设质量不断提高。

住房和城乡建设部“十四五”规划教材办公室
2021年11月

第二版前言

“建筑造型基础”是建筑设计专业重要的必修课程，通过以绘画为主的系列任务训练，培养学生的造型能力、审美能力、空间思维能力和基本的设计能力。造型能力一直是建筑设计岗位人员必备的能力之一，具备较强的造型能力，能够更为轻松、顺利地进行专业设计、表达创意，创造出更为优秀的作品。本教材是专门为高职建筑设计专业编写的造型基础课程教材，在形式与内容的设计上，充分结合了当下高职院校任务驱动式教学与线上线下混合式教学的模式，以由浅入深、层层推进、突出重点、循循善诱、突破难点为基本策略，按照教学实施过程设置了课前预习、课中实践、课后拓展等板块的学习和实践内容，利用信息技术和数字化资源，与学生学习保持同步，能够高效率的让学生实现造型能力、知识方法运用能力和素质的同步提高。

本教材在编写中认真贯彻了党的二十大精神和党的教育方针，坚持立德树人的根本任务，坚持科学的教育理念，坚持教育事业的公益属性，坚持教育质量的生命线，坚持为党育人、为国育才的目标。在形式和内容设计上，体现出科学性、严谨性、规范性和较强的专业针对性，根据建筑设计专业人才培养方案、职业岗位能力目标、课程标准以及现代高职授课模式，设置了与教学过程相同步、与课程学时相统一的课程内容，教材分为六个模块，将知识、方法、能力与素质提升融入每一个任务中，重难点突出，实现了与建筑设计表现的“无缝衔接”，能够让学生将造型能力顺利转化为设计表现能力和职业能力。教材编写将素质教育贯穿其中，坚持以美育人、以美化人、以美培元，厚植家国情怀，弘扬中华优秀传统文化、革命文化以及精益求精的工匠精神，引导学生树立坚定理想信念、砥砺报国之志。

综上，本教材是一部全新的、立体的、适应现代高职教育的教材，以教学实施过程为框架、结合现行的教学方法而编写，能够高效达成教学和学习目标。教材配有数字化教学资源，学生通过扫码即可随时随地进行学习。希望能被广大读者所喜爱，为学生的学习带来巨大帮助！

本教材由湖南城建职业技术学院邹宁教授担任主审，由黑龙江建筑职业技术学院、湖南城建职业技术学院、上海城建职业学院、哈尔滨市易初装饰设计有限公司等全国多家高职院校及相关企业的专家、资深教师、高级工程师、设计师共同完成编写，对于大家的通力合作与辛勤工作，在此表示衷心感谢！

本书参编人员及具体分工如下：

主　　编　黑龙江建筑职业技术学院　姜铁山　张大治

副 主 编　黑龙江建筑职业技术学院　周幸子

湖南城建职业技术学院　吴路漫

上海城建职业学院　孙耀龙

参　　编　哈尔滨市易初装饰设计有限公司　李庆江

黑龙江建筑职业技术学院　石海涛　闵星伟　刘　薇　李　卓

关志敏　张鸿勋　孟　洋　严妮妮

姜铁山负责统稿、内容设计及模块三、模块四、模块五、模块六的编写；张大治负责模块一、模块二、任务测试题汇总的编写；周幸子、吴路漫、孙耀龙负责整体设计、结构编排、校对及部分视频编辑；李庆江负责职业能力数据分析；其他人员负责调研、作品绘制、视频录制及信息采集。

教材修订过程中，虽经过严谨认真地推敲，但缺点和不足在所难免，在今后的教学实践中，我们会不断完善和修改，并期待广大读者给予批评和指正。

第一版前言

“建筑造型基础”是建筑设计专业重要的基础课程，它担负着造型能力、审美能力和空间创造能力的培养任务，对于专业能力的提高与发展有着深远的影响。建筑本身就是造型艺术，与绘画之间相辅相成、相互渗透，如果脱离了对造型空间与建筑美的感受，就不可能表现出完美、独特的建筑形象。长期以来，造型基础一直是建筑设计人员必须具备的修养和能力。随着社会的发展，建筑职业岗位对建筑人才专业能力的要求越发严格，在这样的背景下，学生必须打下坚实的造型基础才能具备较强的职业能力，成为高层次的技能型人才，从容走向工作岗位，应对社会需求。因此，对于建筑设计专业学生来说，想要具备较强的专业能力和职业能力就必须努力提高造型能力。

当下，建筑造型基础课程从教学到学习都存在着一些不完善的因素，阻碍着学生造型能力的进步与提高，如教学内容不完善、教学方法陈旧、教学缺乏专业针对性等。在这样的背景下，教材对建筑设计专业造型基础教学进行了大量的调研与考证，结合多年的教学与课程改革经验，组织编写了更适合现代高职教育的、更适用于建筑设计专业的、更能够提高学生造型能力与职业能力的造型基础教材——《建筑造型基础》。《建筑造型基础》是为建筑设计专业造型基础课程“量身定做”的教材，教材从总体结构到具体内容的设计都紧紧围绕着建筑设计专业的实用性，具有明确的教学针对性，并且与授课进程保持同步，对于教师教学与学生学习都具有重要意义。全书在结构上分为素描、色彩两部分，每部分各 5 个教学单元，每个教学单元都设计了明确的教学目标与授课计划，在内容设置上突显明确的授课模式与课堂形式，即任务式的教学形式，以学生为主体的课堂，能够激发学生的学习积极性；在具体教学内容上打破了传统单一的绘画叙述，将若干构成知识有机地与绘画相融合，并在相应的理论基础上上升到更多实践的层次上，详细介绍更多的实践方法，让学生更快、更有效、更综合地提高造型能力，同时让学生的空间意识与创造力得到更大提高。希望通过《建筑造型基础》一书给学生的学习带来帮助。

本书编写分工如下：

姜铁山　第一部分教学单元 1、教学单元 4、教学单元 5，第二部分教学单元 6、教学单元 9；

张大治　第一部分教学单元 3，第二部分教学单元 8；

闵兴伟　第一部分教学单元 2，第二部分教学单元 7；

关志敏、李卓　第二部分教学单元 10。

本书编写历时两年，虽竭尽全力，但缺点和不足在所难免，在今后的教学实践中，我们会不断完善和修改，并期待广大读者给予批评和指正。

目　录

1

Mokuaiyi　Jiegou Sumiao Biaoxian

模块一
结构素描表现

结构素描能力概述

结构素描是通过最简练的绘画表现手段，剖析和构建形体内外部构造与空间形态的素描形式，能够培养基本的观察能力、结构分析能力、空间思维能力和形体表现能力，是建筑专业较实用的造型能力训练版块。结构素描主要训练内容为几何形体结构素描、静物结构素描以及造型的分解与重组实践，通过课前、课中、课后三个环节的学习及若干任务实践，理解和掌握构成建筑基本形体的表现方法与建筑的构成规律，具备以线条为主要表现手段、准确表现几何形体和静物造型的能力，并且能够以几何形体分析、分解、重组建筑形体，透过现象看到造型本质，为建筑造型表现奠定基础（表 1–1）。

结构素描表现学习内容与目标 表 1–1

任务名称	课前（预习）	课中（实践）	课后（拓展）	课中学时	总体目标
任务 1　单体几何形体结构素描表现	1. 素描的概念与分类； 2. 造型的基本规律； 3. 观察与比例的确定； 4. 作画姿势与运笔方法； 5. 材料和工具； 6. 几何形体结构素描的表现方法	1. 正方体结构素描写生的步骤； 2. 球体结构素描写生的步骤	1. 圆柱体结构素描临摹； 2. 长方体结构素描临摹； 3. 任务测试题	4	1. 掌握结构素描的表现方法； 2. 掌握建筑结构及造型规律，能够以几何形体分解和重组建筑造型； 3. 具有结构素描造型能力
任务 2　几何形体结构素描写生（一）	1. 构图； 2. 观察与整体关系	三个形体组合的几何形体结构素描写生的步骤	1. 三个形体组合的几何形体结构素描临摹； 2. 任务测试题	4	
任务 3　几何形体结构素描写生（二）	1. 组织构图； 2. 方锥结合体的观察与表现	四个形体组合的几何形体结构素描写生的步骤	1. 建筑造型分解表现的方法与步骤； 2. 任务测试题	4	
任务 4　静物结构素描写生（一）	1. 静物结构素描的概念； 2. 静物结构素描的表现方法； 3. 罐子的表现步骤； 4. 苹果的表现步骤	四个形体组合的静物结构素描写生的步骤	1. 静物结构素描临摹； 2. 任务测试题	4	
任务 5　静物结构素描写生（二）	回顾 1.2.1、1.4.1 知识与方法	五个形体组合的静物结构素描写生实践	1. 静物结构素描临摹； 2. 任务测试题	4	
任务 6　静物结构素描写生（三）	1. 倾斜的陶罐观察方法； 2. 倾斜的陶罐表现方法	四个陶罐组合的静物结构素描写生实践	1. 建筑造型分解与重组的方法； 2. 任务测试题	4	

1.1　任务 1　单体几何形体结构素描表现

单体几何形体结构素描表现是造型基础任务中基础的环节，能够培养基本的观察能力、结构分析能力、空间思维能力和形体表现能力。几何形体是组成物体形态的基本元素，每一个建筑形体都由若干几何形体组成（图 1.1–1），要掌握复杂的形态结构，首先要从简单的几何形体入手。学习过程中要认真了解学习目标与过程（表 1.1–1）、任务导读与要求（表 1.1–2），理解掌握相关知识与方法，认真实践，合理统筹课前、课中与课后学习时间，高效完成任务。

图 1.1–1　建筑形体分解

学习目标与过程　　表 1.1–1

学时	能力目标	知识目标	素质目标	学习过程
4	1. 具有基本的线条表现能力； 2. 能够运用基本规范的线条表现正方体与球体的结构与空间	1. 理解素描的概念与分类，了解基本工具； 2. 掌握透视原理及观察方法，理解形体结构的概念； 3. 掌握正确的作画姿势及运笔方法； 4. 掌握单个几何形体结构素描的表现方法	1. 提高审美与艺术鉴赏能力； 2. 树立文化自觉和文化自信，热爱中华优秀传统文化	1. 课前 预习 1.1.1 中的知识与方法 2. 课中 完成正方体与球体结构素描写生步骤 3. 课后 完成单体几何形体结构素描临摹作业与测试题

任务导读与要求 **表 1.1-2**

任务描述	任务分析	相关知识与方法	重难点	实施步骤与要求
任务 1 主要是通过正方体与球体几何形体结构素描写生步骤，掌握单体几何形体结构素描的表现方法，学生要在要求的时间内完成课前、课中与课后的学习任务	1. 正方体由六个相等的正方形面组成，共 12 条结构线，其透视关系较为复杂，实践中需多观察分析； 2. 球体外轮廓为正圆形，均匀平滑、向外膨胀的曲面形成其体积特征，实践中要运用能够表现出曲面转折的线条表现其前后、上下的空间深度及形态特征	1. 素描的概念与分类； 2. 透视、形体结构； 3. 观察方法与比例的确定方法； 4. 正确的作画姿势及运笔方法； 5. 线条的表现法； 6. 正方体结构素描的作画步骤； 7. 球体结构素描的作画步骤	1. 透视、形体结构、观察方法与比例的确定方法； 2. 线条的表现法； 3. 正方体结构素描的表现方法； 4. 球体结构素描的表现方法	1. 课前 (1) 准备好素描工具与材料； (2) 预习 1.1.1 知识与方法、1.1.2 单体几何形体的表现实践； (3) 认真听取老师答疑 2. 课中 (1) 汇报预习情况； (2) 认真听取老师对重点问题的讲解； (3) 认真观看老师结构素描作画示范； (4) 完成正方体与球体结构素描写生表现 3. 课后 (1) 完成测试题； (2) 练习线条表现并完成单体几何形体结构素描临摹作业

课前（预习）

1.1.1　知识与方法

1. 素描的概念与分类

素描顾名思义就是"朴素的描绘"，通常指以单色线条或块面如实地描绘物象造型的绘画形式。传统意义上的素描一般用铅笔等较为单纯的工具在纸面上进行绘画，主要表现物象的形体空间、块面结构、质感、明暗、虚实等因素，强调事物的"客观性"。素描是造型艺术的基础，也是造型艺术的表现形式之一，更多的时候是作为造型基础来应用的。在建筑设计专业中，学习素描，主要是培养学生的造型能力、审美能力与空间创造能力，为专业设计表现奠定造型基础。

素描的概念与分类、造型的基本规律

素描从表现手法上可以分为结构素描和全因素素描。结构素描主要采用线条来表现物体的结构，通过线条的强弱、粗细对比来表现空间关系，偶尔使用简单的调子来加强体积及空间效果（图 1.1–2）；全因素素描是用明暗调子来表现被画对象，如实再现物象的明暗关系、肌理效果、质感及空间等因素，比较接近对象的客观状态，真实感强（图 1.1–3）。

素描从目的和功能上可分为艺用素描和实用素描两大类。艺用素描是指艺术类专业中的素描，也称之为专业素描，它对造型和空间效果要求极为严谨，表现手段与技法更为丰富，具有较强的艺术性；实用素描一般作为一些非艺术类专业中的造型基础，比如建筑类专业等，它源于艺用素描又区别于艺用素描，往往根据专业需要而决定学习的内容、深度及种类。

素描从表现内容上分为静物素描、人物素描、石膏像素描、风景素描、动物素描、抽象素描等。

图 1.1–2　结构素描（左）
图 1.1–3　全因素素描（右）

2. 造型的基本规律

(1) 透视

在日常生活中，我们看到同样的人或物体的形象，由于距离、方位、角度的不同，在视觉中产生了大小的变化，这种现象就是透视。"透视"是绘画中的一种术语，即绘画透视，是绘画中的基本视觉常识，对形体表现有重要作用。

物体在空间中的基本透视规律为"近大远小"，这里的"大"和"小"泛指宽窄、长短、粗细、高矮等数值，相同大小的物体距离观者越近则显得越大，反之则越小。我们站在长长的马路上会发现近处的道路比较宽，而远处的道路会变得越来越窄，离我们最近的路灯杆感觉最长，其他的路灯杆会随着距离的推移而越来越短，这些现象都属于透视（图 1.1–4）。简而言之，透视就是物体在空间中由于位置、距离与角度的不同，所形成的"近大远小""近实远虚"的变化。绘画中常用的透视主要有两种：平行透视和成角透视。

图 1.1–4　街道透视

1) 平行透视

平行透视又称一点透视，以正方体为例，当正方体某一个面与我们的面部或身体平行、所有的透视线向后延伸交于一个点，这时正方体与我们所形成的透视关系为平行透视。平行透视中，前后纵深方向的线叫作透视线，它们延伸的交点叫作消失点，消失点只有一个，所以平行透视又叫作一点透视。平行透视中，视中线与视平线的垂直交点叫作心点，心点与消失点重合于视平线上，它反映出观者与被观测物体的位置关系（图 1.1–5）。平行透视中，正方体前后两个立面在图形关系上是平行的，并产生了“近大远小”的变化，即前面的边略长、后面的边略短，这是因为随着透视线向后延伸，透视线之间的距离越来越近，致使形体后面的边变短。“近大远小”的变化是透视的基本特征，是绘画中影响形体关系的重要因素（图 1.1–6）。

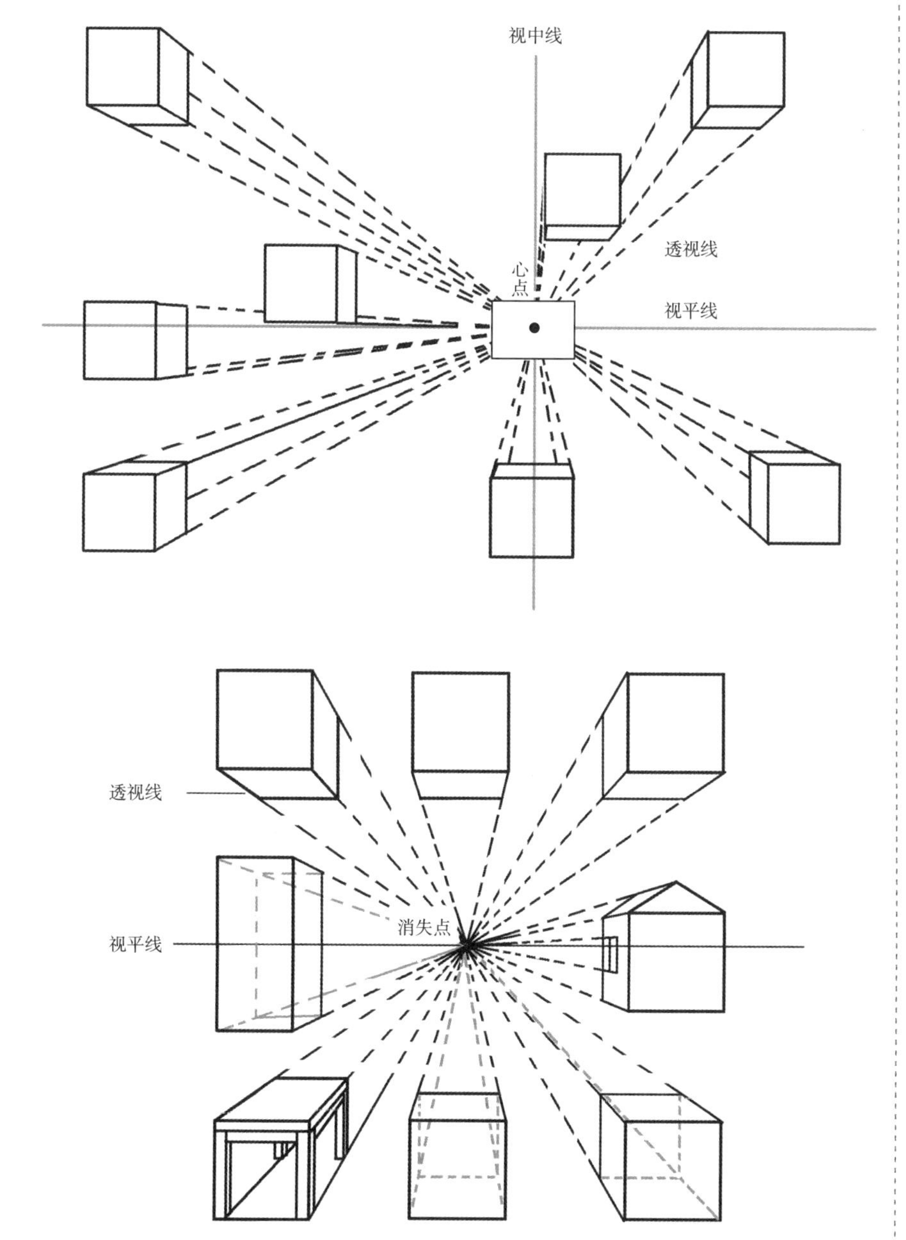

图 1.1–5　平行透视（1）

图 1.1–6　平行透视（2）

2）成角透视

成角透视又称两点透视，就是正方体的立面不与画者面部平行，即正方体的四个立面相对于画者倾斜成一定角度，透视线向着后面两个方向延伸，形成两组近大远小的变化，并在视平线上产生了两个消失点。正方体成角透视中除了垂直方向的线条外，每一组线条之间均不表现为平行关系，都存在着一定角度的变化（图 1.1–7）。

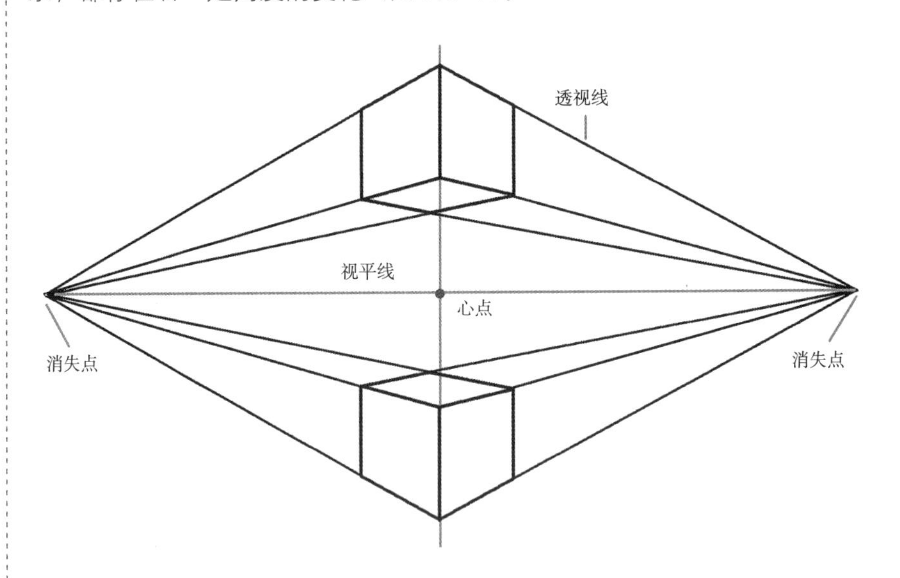

图 1.1–7　成角透视

3）圆形的透视

依据正方体的透视规律，圆形也可以分为平行透视和成角透视。我们在正方体的每个正方形面上建立一个正圆形，然后观察每个面上的圆形透视变化（图 1.1–8）。我们可以看到圆形发生透视后，呈现出的是各种椭圆形，距离我们近的半圆略大，距离我们远的半圆要略小，弧线平滑而均匀。这些透视产生的变化都是围绕着“近大远小”的规律发生的。

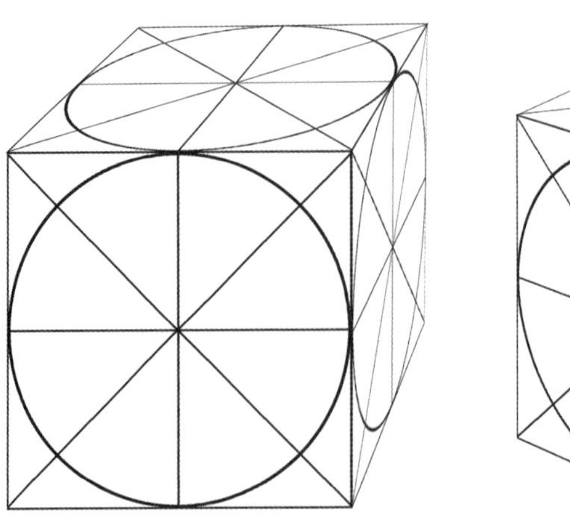

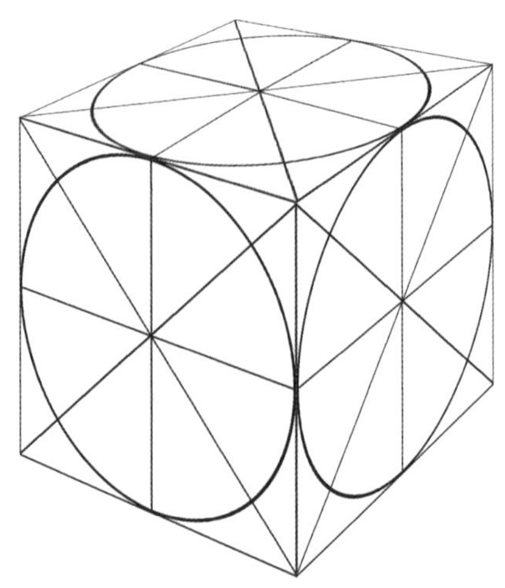

图 1.1–8　圆形的透视

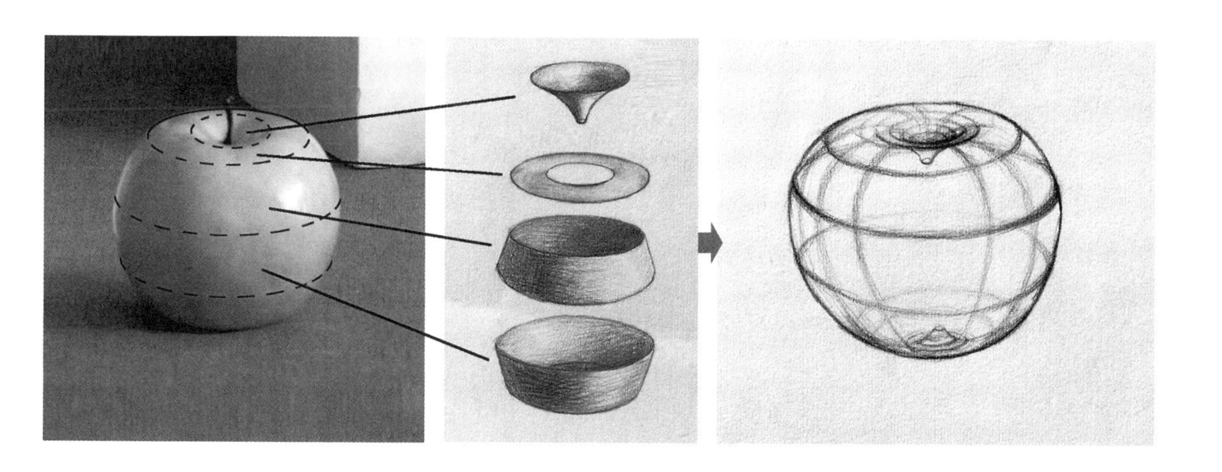

图 1.1-9　苹果结构分解与组合

（2）形体结构

形体结构是描绘物体的根本出发点和基本要素，结构好比人的骨骼，没有骨骼就支撑不了肉体，绘画造型脱离结构就无法支撑起形体，没有结构的形体就失去了根本，无法成立。那么，什么是形体结构呢？我们先看看上面的图解（图 1.1–9）。

图 1.1–9 中，我们把苹果的结构进行分解，得到苹果各部分“零件”，这些“零件”就是组成苹果的结构。经过这样的分解后我们认识了苹果的结构，再将各部分结构组合在一起，用结构素描把它表现出来。

形体结构指的是形体占有空间的构成形式。形体以什么样的形式占有空间，形体就具有什么样的结构。形体结构的本质决定着形体的内外特征，是形体存在的依据，是塑造形体的根本。形体结构包括外在的能够看得见的体和面以及内部存在不外露的体和面（形体解剖结构），认识结构在绘画中是至关重要的，我们必须对物体结构进行全面的分析理解后再进行塑造。

3. 观察与比例的确定

（1）观察方法

正确的观察方法直接影响着画面的表现效果，“整体的观察与比较”是绘画中准确建立形体的基本观察方法。对于单体几何形体结构素描而言，整体的观察分为整体比例的观察和整体透视的观察。首先要观察表现对象整体高度与宽度的比例，确定其大小，然后比较局部结构的宽高比例，再建立具体的造型。整体观察比例的同时，要分析这个形体属于哪种透视、透视线的倾斜角度以及近大远小的变化。做到以上两点，在写生的过程中可以更大程度地避免造型不准、透视不一致的现象产生。造型过程中要将表现出来的形体反复与实物进行比较，查找误差，发现问题及时调整（图 1.1–10、图 1.1–11）。

观察与比例的确定、作画姿势与运笔方法、材料和工具

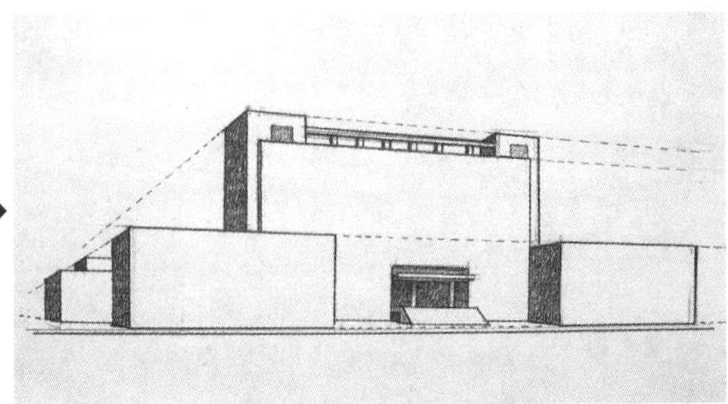

图 1.1-10　观察对象（左）
图 1.1-11　观察方式（右）

（2）比例的确定

准确地画出形体比例是造型的基本要求，只有准确的比例才能帮助我们真实地画出所要表达的对象。当我们画一个物体时，必须观察其长度、高度和宽度的比例，将观察到的结果落实在画面上，可以用铅笔作为比例尺测量出它的宽度比，然后用宽度来比量它的长度，观察宽度占长度的几分之几，得出两者长度和宽度的基本比例后，等比"放大"于画纸上（图 1.1-12）。

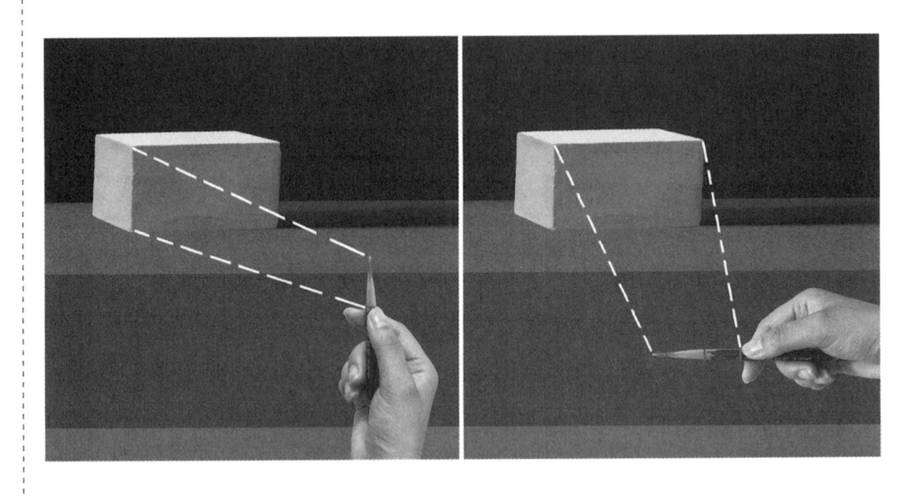

图 1.1-12　测量比较方法

4. 作画姿势与运笔方法

（1）作画姿势

正确的作画姿势，有助于画者整体观察和准确表现形体的透视及比例。作画时，画板的摆放角度应尽量和视线垂直，表现画面形体时，身体应与画板保持一臂左右的距离，这样能够让运笔动作舒展，保证运笔的流畅性。正确的作画姿势有两种：一种是画板放在画架上，画架放置在画者的前方一臂左右的距离，画板摆放一般与肩等高（图 1.1-13）；另一种是画板立放于大腿前侧，左手扶住画板，可以调整画板的角度与距离，右手

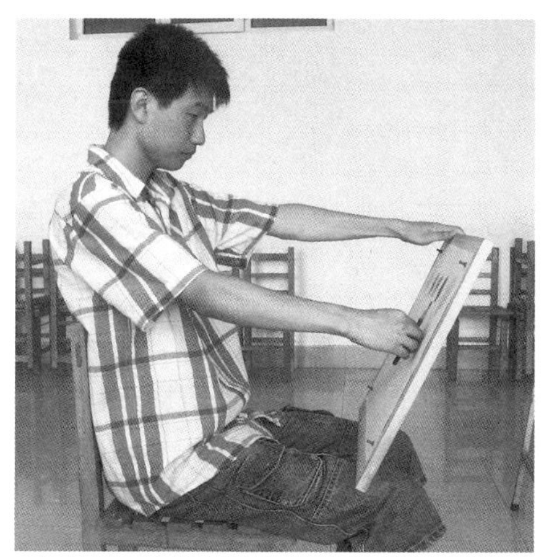

图 1.1-13　站姿（左）
图 1.1-14　坐姿（右）

执笔作画（图 1.1-14）。选择作画位置时要注意画者与静物所成的角度属于平行透视还是成角透视，同时还要注意从画者的角度看到的静物框架比例适合横版构图还是竖版构图。位置确定后，画的过程中不可移动，避免因角度的变化影响作画效果。

（2）运笔方法

素描不同于写字和绘图，必须用规范的线条表现形体，只有掌握正确的握笔和运笔姿势，才能画出规范的线条。运笔前先以拇指、食指为主，中指为辅捏住铅笔，手指握笔位置距笔尖要远一些，手指背面贴近画纸，然后将笔尖朝上、侧锋贴于纸面，以肩为轴，左右来回平稳移动手臂，便画出横向的直线条。画其他方向的直线条握笔姿势不变，只需改变下笔方向即可。作画时握笔与运笔方法是多变的，主要靠肩、肘、腕、指间的协调来画出不同的线条效果，深入刻画时可采用平时写字的握笔姿势（图 1.1-15）。

图 1.1-15（*a*）为画直线的握笔姿势，运笔时以肩为轴，手臂略曲，手轻松握笔，腕部不动，以直线的轨迹移动；图 1.1-15（*b*）为排调子的握笔姿势，与画直线的方法基本相同，腕部和肘部可以适当活动；图 1.1-15（*c*）为画曲线的握笔姿势，主要以腕部为轴，肩部、肘部要协调、灵活地运动；图 1.1-15（*d*）为刻画细节的握笔姿势，与写字的握笔方法基本相同。

轻松自如的握笔方法能够保证画素描时运笔流畅，速度平稳，这也是画好素描的基本条件之一。

5. 材料和工具

（1）笔

只要能描绘单一色彩的工具都可以用来画素描，最为常用的有铅笔、

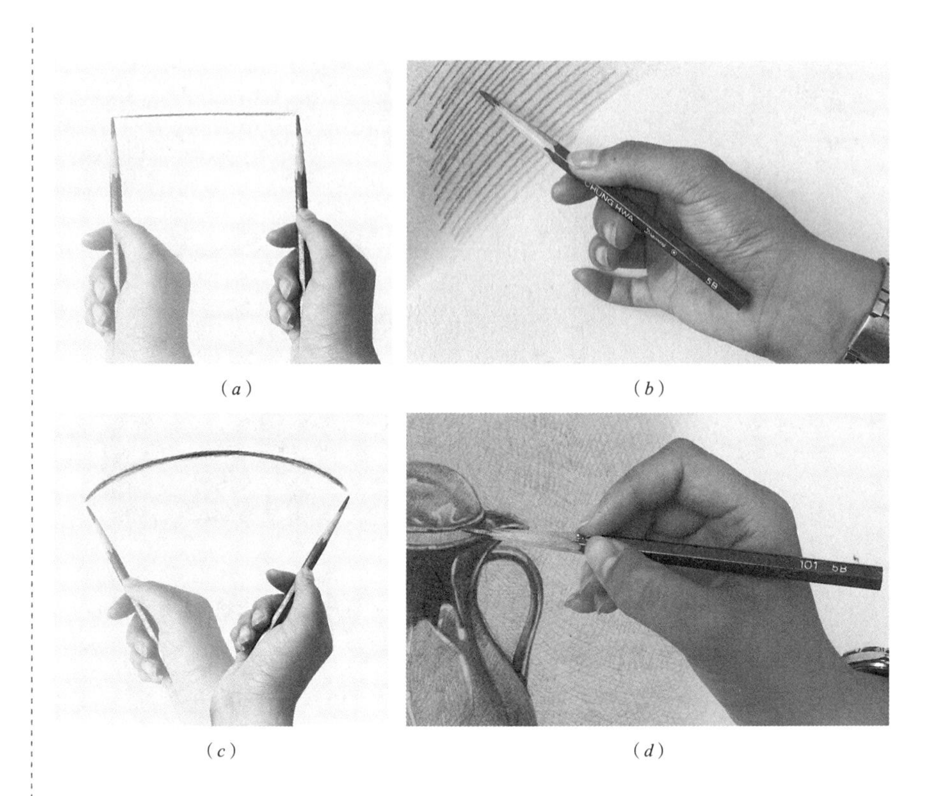

(a) (b) (c) (d)

图 1.1-15　四种运笔方法

钢笔、毛笔、炭笔等。初学者用铅笔更好些，由于铅笔的笔芯有软硬、深浅之分，便于深入刻画，也便于修改。

1）铅笔：铅笔的铅芯有不同等级的软硬区别。硬度的以"H"为标志，如 H、2H、3H、4H 等，H 前边数字越大，硬度越强，色度越淡；软度的以"B"为标志，如 B、2B、3B、4B、5B、6B 等，B 前面数字越大，软度越强，色度越黑。画普通素描的铅笔可选用 HB~6B（图 1.1-16）。4B~6B 铅笔常用来画暗部和画面上最暗的地方；B~3B 铅笔一般用来画灰调子；HB 铅笔适合画亮部。

2）木炭条：木炭条是用树枝烧制而成的，色泽较黑，质地较松，附着力较差，作品完成后要喷定画液，否则画面容易掉色。

3）炭精条：常见的炭精条有黑色和褐色两种，质地比木炭条坚硬，附着力较强。

4）炭铅笔：炭铅笔的用法和铅笔相似，色泽深黑，有较强的表现能力，是画素描的理想工具，但是不易于修改。

（2）橡皮

绘画用的橡皮是修改画面的常用工具，一般有较软的绘画橡皮和可塑性橡皮两种（图 1.1-17）。橡皮应尽量选择厚的和柔软的，这样的橡皮对

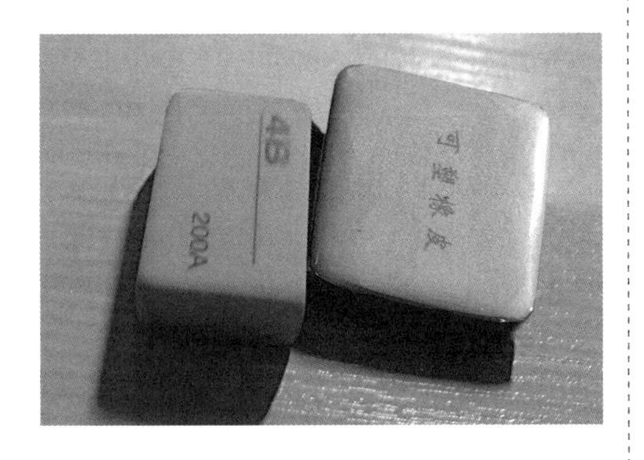

图 1.1–16　铅笔（左）
图 1.1–17　橡皮（右）

于铅笔痕迹清除能力较强；可塑性橡皮如同橡皮泥，用起来非常方便，它的吸附力很强，便于修改画得过重的部位，主要起减弱铅色的作用。

（3）其他工具

1）画板

画板一般为木质，有大小区分，初学者选用 4 开画板较为合适。

2）画纸

画素描要选用专业的素描纸，一般纸面不太光滑且质地坚实的素描纸更好用。太粗、太光滑、太薄的纸都不适合用铅笔画素描。

3）刀

一般选择普通的美工刀为宜，刀片易于更换。

审美与素养拓展

散点透视

素描中的透视，即一点透视与两点透视，它们都属于“焦点透视”，是客观存在的视觉现象，具有科学性与严谨性，能够真实地反映出事物的造型特征与变化规律。但在艺术创作中，艺术家可以根据创作意图、构图和形式的需要，突破客观透视的限制，主观地运用多点透视法构建画面视角。多点透视就是中国画中的散点透视，它是中国画独具特色的艺术表现形式，它不受视域的限制，按照焦点透视的逻辑看散点透视，它不会只有一个心点，而是存在多个移动的视点，随着视点的移动，所看到的景物都可组织到画面中。散点透视早在两千多年前就用在中国画中，是伴随中国画而产生的高级审美形式，具有独特的艺术价值与审美价值，北宋著名画家王希孟创作的《千里江山图》，是中国十大传世名画之一，该画高 51.5 厘米，长达 1191.5 厘米，画面运用散点透视表现出“咫尺千里”的辽阔景象，将层峦叠嶂的群山与烟波浩渺的江河构建成一幅宏伟的画卷（图 1.1–18）。中国画与散点透视反映出中华传统文化的博大精深，也体现了中华民族高远的艺术境界与审美创造力。

图 1.1–18　千里江山图（局部），北宋，王希孟

几何形体结构素描的表现方法

6. 几何形体结构素描的表现方法

几何形体结构素描表现是以线条为主要手段，表现几何形体的结构与空间的素描。它主要通过线条的强弱、粗细对比来表现单独个体的内外部构造及空间关系，在表现形体外部结构的同时通过线条的穿插推理剖析出形体内部结构（图 1.1–19）。

（1）线条的虚实表现

用线条表现几何形体，首先要确定结构的前后关系，根据前后关系决定线条的强弱，线条要按照“近实远虚”的原则布局。“近实远虚”也可

图 1.1–19　长方体结构素描

以说“近强远弱”，就是表现近处的结构，线条要强烈，尤其是直线，锐利度要高，铅色要浓重。表现相对远的结构和内部结构（被前面结构遮挡住的结构）时，线条表现的强度要依次减弱，随着距离渐远，铅色逐渐减淡。这样通过前后的强弱对比让画面形体产生空间感（图 1.1–19）。在表现曲面转折的形体结构时，要在线条的粗细、软硬方面加以变化，以求得准确的结构表现和丰富的视觉效果（图 1.1–20）。

（2）线条的穿插表现

一个形体通常是由多个体面组成，结构之间会形成一定的穿插关系，这就决定了结构线不是孤立存在的，而是相互穿插、关联的，不同方向的线条之间有进有出、相互交织，形成有规律的网络。我们在表现结构时要将这些线条完整的表现出来，才能更为精准地呈现出形体结构。所以结构素描要求把客观对象想象成透明体，将物体前后、内外的结构线都表达出来，分清线条的内外与前后关系，构建形体空间。每一根线条必须画完整，要把被前面结构遮挡住的部分一起画出来，这样线条之间就形成了穿插，再根据前后、内外关系确定线条强弱，如此，形体的空间关系得以明确（图 1.1–21）。结构线的前后关系是决定线条虚实的依据，线条虚实是构建空间的要素，所以线条的穿插必须服从前后关系，否则就容易出现前后空间倒置的混乱现象。

（3）辅助线条的运用

辅助线条不是结构线，是在表现具体造型和结构前画出的、能够规范和界定形与结构标准的线条，能使形体的轮廓、结构、比例、透视、位

图 1.1–20　表现曲面的结构线（左）
图 1.1–21　方锥结合体的线条穿插（右）

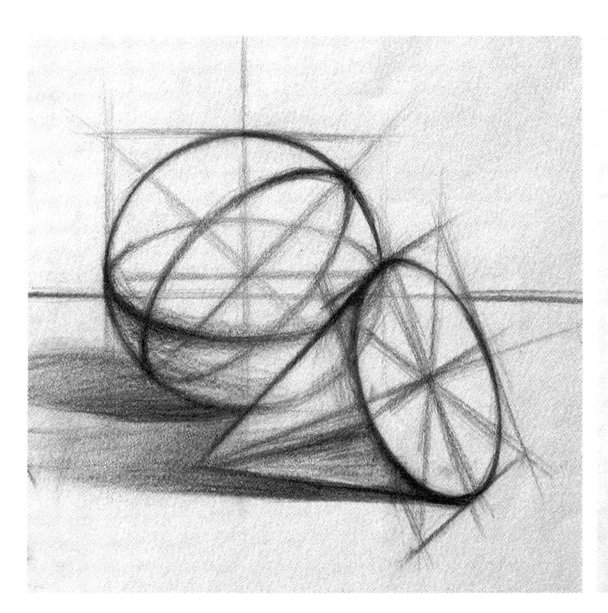

图 1.1–22　辅助线上的切入点（左）
图 1.1–23　连接切入点画出的圆形（右）

置等更加严谨和精准。辅助线在结构素描中具有重要作用。以表现圆形为例，画圆形前先建立一个正方形的辅助形，再画出正方形的纵横两条中线，得到了圆形的直径、半径、中心点以及边线上的四个切入点，接着画出正方形的两条对角线，在对角线上由中心点向外截取出半径的长度（中心点到正方形边线的长度），加上之前的四个切入点就得到了圆形外轮廓上八个等距的切入点（图 1.1–22），然后用弧线连接八个点就能画出比较标准的圆形（图 1.1–23）。

辅助线条在表现强度上要弱于所有的结构线条，若表现强度与结构线接近，就会破坏结构表现效果，所以辅助线既要服务于主体，又要有利于衬托主体。辅助线条在形体塑造完成时一般可以保留，不会影响画面效果，而且能够起到烘托画面气氛的作用，同时它能够体现出我们作画过程中对结构的理解方式与思维过程。

课中（实践）

1.1.2　单体几何形体结构素描表现实践（表 1.1–3）

任务 1　单体几何形体结构素描表现任务书　　**表 1.1–3**

<table>
<tr><th>序号</th><th>任务内容</th><th>完成时间（分钟）</th><th>要求</th><th>工具</th><th colspan="2">评价标准（100 分）</th></tr>
<tr><td rowspan="3">1</td><td rowspan="3">正方体结构素描写生（图 1.1–24）</td><td rowspan="3">70</td><td rowspan="3">1. 形体透视与比例准确；
2. 运笔流畅、线条轻松笔直；
3. 虚实关系明确，有空间感；
4. 须在规定时间内完成</td><td rowspan="7">1. 4 开画板；
2. 4 开素描纸；
3. 2B~6B 素描铅笔；
4. 绘画橡皮；
5. 素描削笔器或壁纸刀</td><td>线条</td><td>10 分</td></tr>
<tr><td>比例</td><td>20 分</td></tr>
<tr><td>结构</td><td>20 分</td></tr>
<tr><td rowspan="4">2</td><td rowspan="4">球体结构素描写生（图 1.1–30）</td><td rowspan="4">70</td><td rowspan="4">1. 辅助线与辅助形准确；
2. 外轮廓线条平滑均匀，圆形准确；
3. 椭圆形结构线平滑均匀，符合透视关系；
4. 虚实关系明确，有空间感；
5. 须在规定时间内完成</td><td>透视</td><td>20 分</td></tr>
<tr><td>空间</td><td>10 分</td></tr>
<tr><td>完成情况</td><td>10 分</td></tr>
<tr><td>学习态度</td><td>10 分</td></tr>
</table>

1. 正方体结构素描写生的步骤

（1）起稿

1）确定宽度

观察正方体高宽与两个立面的宽度比例（图 1.1–24），在画纸上用稍长的直线条表现出来，画面整体宽度要与实物真实宽度接近（图 1.1–25）。

2）确定高度

观察宽度最大的立面，比较其宽高的比例，确定高度，根据正方体的透视关系确定线条的角度，将这个面的上下两条边初步表现出来（图 1.1–26）。

正方体结构素描写生的步骤

图 1.1–24　正方体

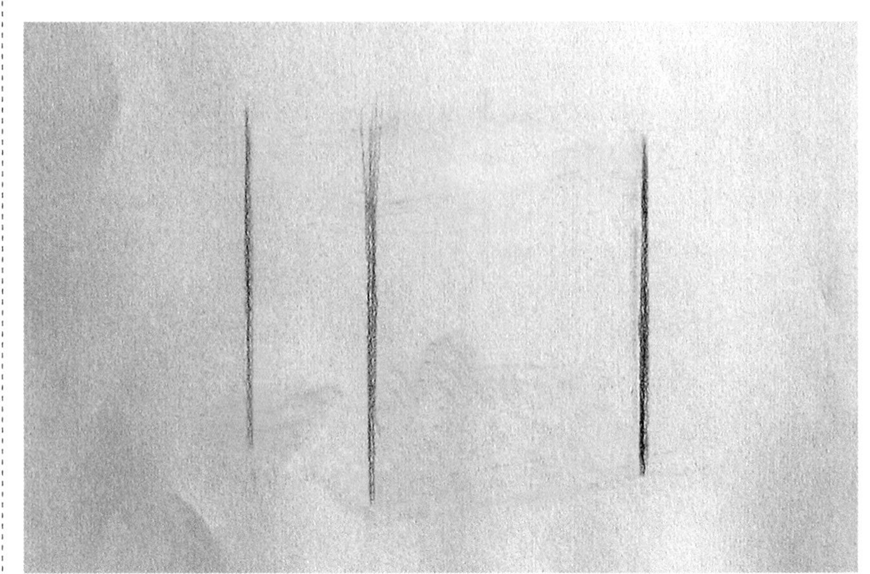

图 1.1-25　起稿第一步

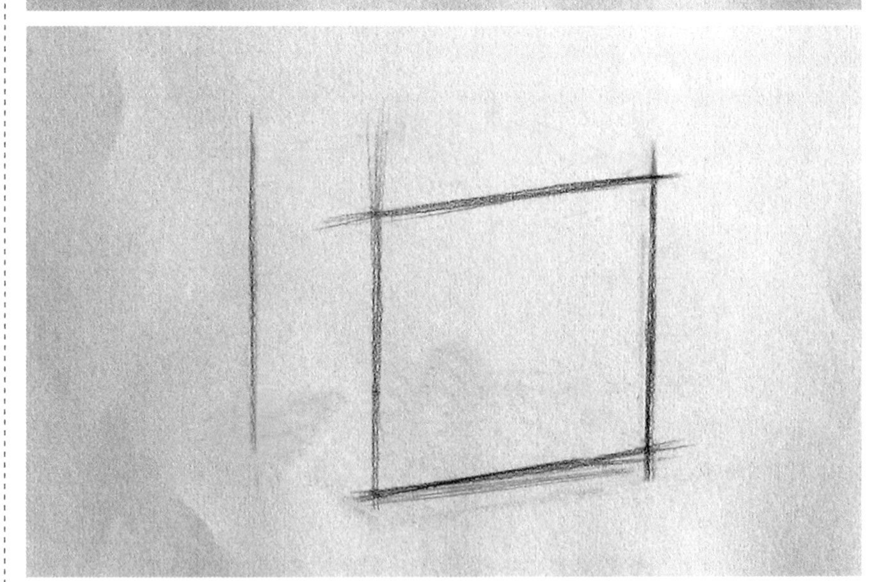

图 1.1-26　起稿第二步

3）建立整体造型

观察其他各边的角度，根据整体透视关系（近大远小），用直线条表现出其他外在结构线及被遮挡住的结构线，被遮挡住的结构线要画得虚一些。然后整体观察比较画面造型比例和透视，与正方体实物的比例与透视是否一致，如果有误差要及时修改（图 1.1-27）。

（2）确定空间关系

根据近实远虚的原则，观察正方体每根结构线的远近关系，不同程度地加深每条结构线，明确正方体的内外部结构关系和空间关系（图 1.1-28）。

图 1.1-27　起稿完成

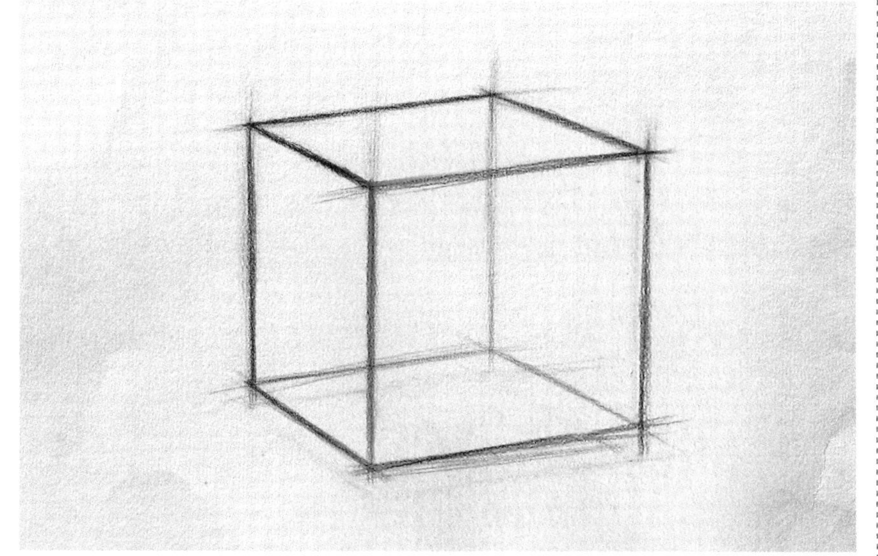

图 1.1-28　空间关系的表现

（3）深入塑造

按照空间关系，进一步加大结构线的表现力度，完善正方体的表现效果。

（4）整理完成

观察画面整体效果，如发现问题，可做适度调整。此时形体比例及透视关系已经确立，不宜做大幅度调整，主要调整个别线条的虚实、粗细（图 1.1-29）。

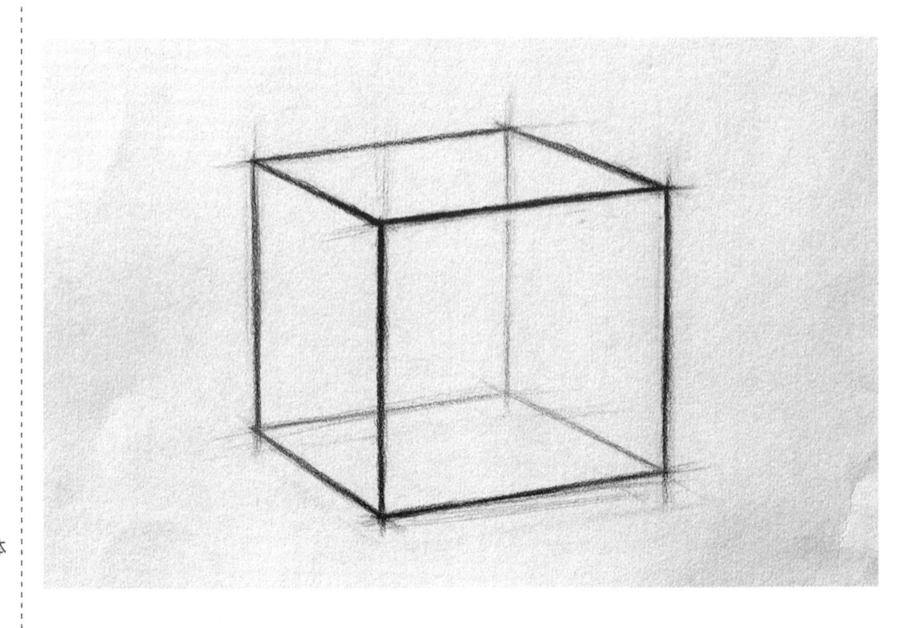

图 1.1-29 完成的正方体结构素描

球体结构素描写生的步骤

2. 球体结构素描写生的步骤

（1）起稿

球体的外轮廓为正圆形（图 1.1—30），起稿时通常要根据球体的直径长度，先建立一个正方形的辅助形，画出垂直与水平方向的两条中线，得到圆形的直径与半径的长度和与边线的四个交点。再画出两条对角线，然后以中心点为起点在对角线上截取出四个半径的长度，标记出四个点。这样从辅助形上就得到了画球体外轮廓的八个连接点，接下来用均匀、流畅的弧线连接八个点，就形成了初步的圆形外轮廓（图 1.1—31）。

建立的辅助形一定要准确无误，确保四个边长相等，用线也要轻松且连贯，平滑度要均匀，要顾及整体，避免孤立地、一段一段地连接两个邻近点，否则形成的圆形不会均匀和准确。

图 1.1-30 球体

（2）建立形体结构

分别以辅助形水平方向的中线和对角线为〞透视中线〞建立两个等腰梯形，根据每个等腰梯形上四条边的中点，分别建立两个椭圆形，这两个椭圆形表现出了球体的结构。作为辅助形的两个等腰梯形实际是正方形由于方向的改变发生透视前后的

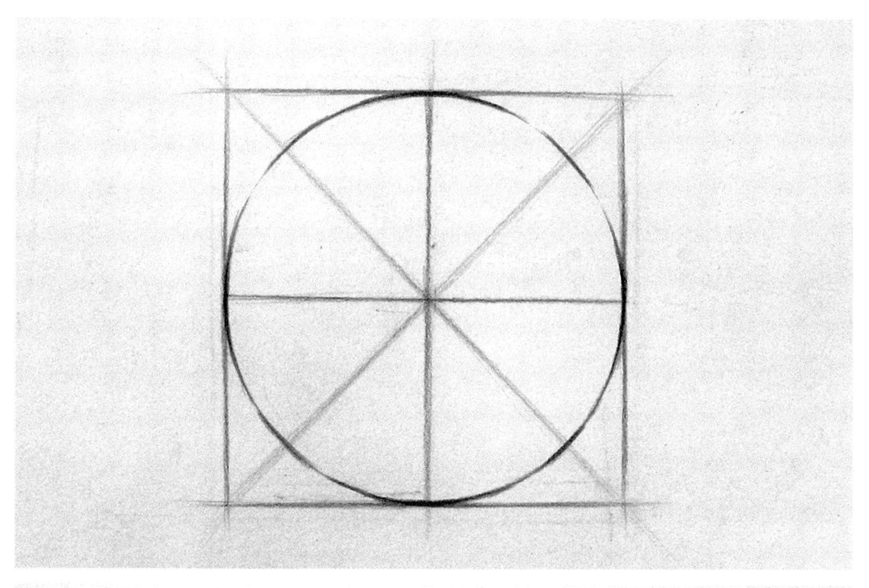

图 1.1-31　起稿

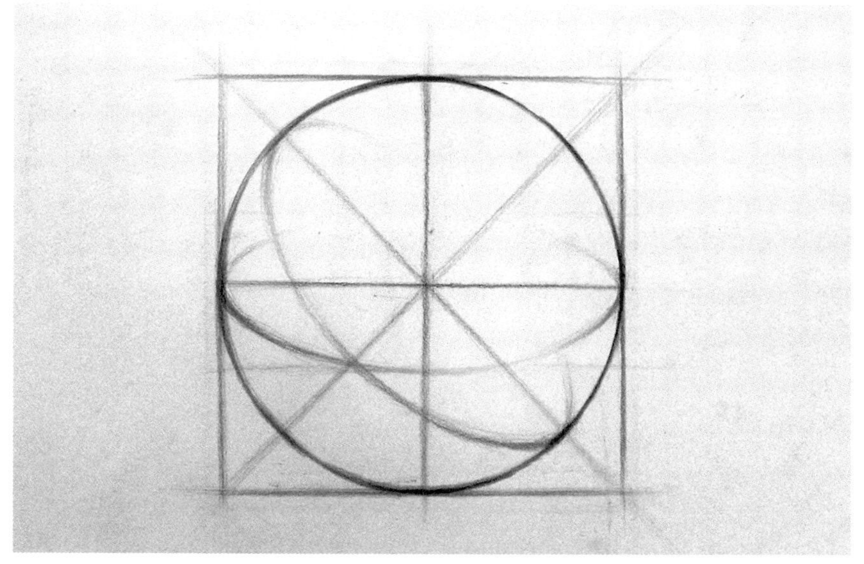

图 1.1-32　建立形体结构

变化形成的，所以前后两个边的长度变化是近大远小的变化，变化幅度不能太大（图 1.1-32）。

（3）深入塑造

按照近实远虚的原则，明确各条结构线的前后关系，进一步加大结构线的表现力度，完善球体的表现效果（图 1.1-33）。

（4）整理完成

观察画面整体效果，如发现问题，可做适度调整。此时不宜做大幅度调整，主要调整个别线条的虚实、粗细（图 1.1-34）。

图 1.1-33 深入塑造

图 1.1-34 完成的球体结构素描

课后（拓展）

1.1.3　单体几何形体临摹与知识测试（表 1.1–4）

课后拓展说明与要求　　**表 1.1–4**

序号	拓展内容	完成时间（分钟）	要求	工具	评价标准（100 分）	
1	圆柱体结构素描临摹	30	1. 比例、透视准确； 2. 线条流畅、轻松，层次丰富，有表现力； 3. 虚实关系明确，有空间感，与原作效果接近	1.4 开画板； 2.4 开素描纸； 3.2B~6B 素描铅笔； 4. 绘画橡皮； 5. 素描削笔器或壁纸刀	线条	10 分
					比例	20 分
2	长方体结构素描临摹	40			结构	20 分
					透视	20 分
					空间	10 分
3	任务 1 测试题	10	按时完成任务 1 的 20 道知识测试题，允许对照答案	手机或电脑	完成情况	10 分
					学习态度	10 分

1. 圆柱体结构素描临摹

临摹圆柱体结构素描（图 1.1–35）。

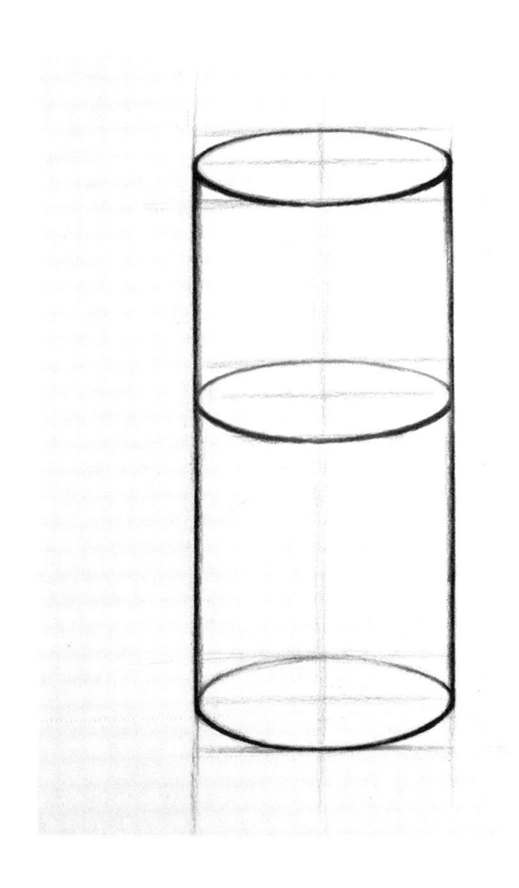

图 1.1–35　圆柱体结构素描

2. 长方体结构素描临摹

临摹长方体结构素描（图 1.1-36）。

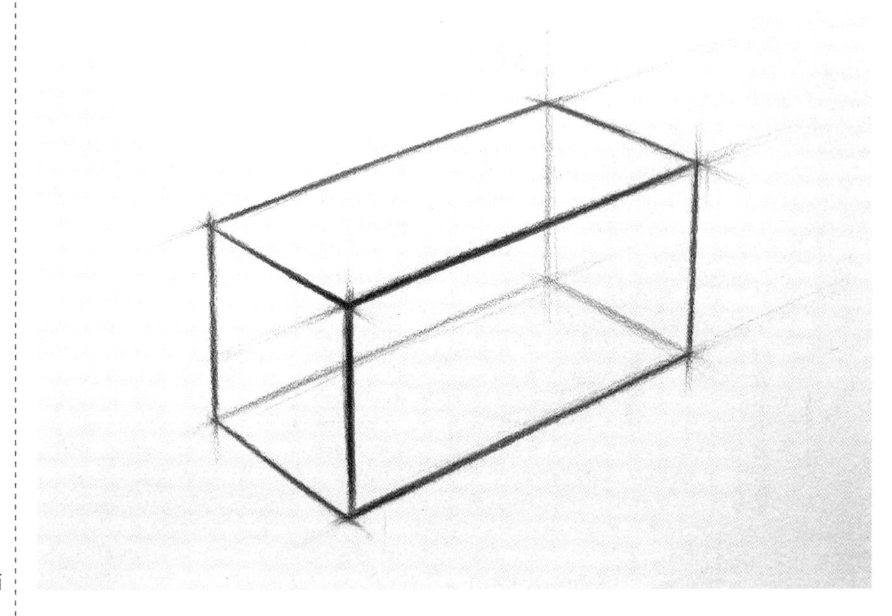

图 1.1-36　长方体结构素描

任务 1 测试题

3. 任务 1 测试题

扫描二维码答题。

1.2　任务 2　几何形体结构素描写生（一）

几何形体结构素描写生，是将两个以上几何形体组合成一组写生对象，画者通过观察、归纳，参考对象客观效果而进行的结构素描表现方式。与单体表现相比，组合的几何形体结构素描写生，需要观察和表现的范围更大，画面要组织的因素更为全面，涉及构图组织、整体关系控制等重要的方法，能够更加充分地提高学习者的基础造型能力。所以几何形体结构素描写生是现阶段主要的实践方式。学习过程中要认真了解学习目标与过程（表 1.2–1）、任务导读与要求（表 1.2–2），理解相关知识与方法，认真实践，合理统筹课前、课中与课后的学习时间，高效完成任务。

学习目标与过程　　　　**表 1.2–1**

学时	能力目标	知识目标	素质目标	学习过程
4	1. 具有构图组织能力； 2. 具有整体表现能力； 3. 具备几何形体结构素描写生能力	1. 掌握构图的知识与方法； 2. 掌握几何形体结构素描写生的方法与步骤	1. 提高审美素养； 2. 树立浓厚的家国情怀，涵养进取品格	1. 课前 预习 1.2.1 中的知识与方法 2. 课中 完成几何形体结构素描写生实践 3. 课后 完成几何形体结构素描临摹作业与任务测试题

任务导读与要求　　　　**表 1.2–2**

任务描述	任务分析	相关知识与方法	重难点	实施步骤与要求
任务 2 写生对象由球体、圆柱体和长方体组成。通过对该组几何形体的写生，基本掌握几何形体结构素描的构图与表现方法。学生要在规定的时间内完成课前、课中与课后的学习任务	1. 球体、圆柱体和长方体组合在一起，形成构图关系，掌握构图的方法； 2. 球体、圆柱体和长方体三者在位置上有前、中、后的整体空间关系，表现时要区分整体的虚实关系； 3. 多个几何形体写生要注意作画步骤的整体性	1. 构图的方法； 2. 几何形体结构素描的表现方法	1. 构图的方法； 2. 整体的观察与表现方法； 3. 几何形体结构素描的表现方法	1. 课前 (1) 准备好素描工具与材料； (2) 预习 1.2.1 知识与方法； (3) 认真听取老师答疑 2. 课中 (1) 汇报预习情况与拓展作业； (2) 认真听取老师对重点问题的讲解； (3) 认真观看老师素描示范； (4) 完成几何形体结构素描写生表现 3. 课后 (1) 完成测试题； (2) 完成几何形体结构素描临摹作业

课前（预习）

构图

1.2.1 知识与方法

1. 构图

构成画面所有形象的组合形式，叫作构图。就几何形体、静物写生而言，构图就是将写生对象中的所有形象合理而有秩序地排列于画纸空间上，构成协调、完整、富有美感的画面。简单来说，构图就是为形体在画面上安排合适、合理的位置（图 1.2–1、图 1.2–2）。画面中物体整体的框架形式、物体的大小、位置以及画面的平衡、节奏关系等都属于构图内容。

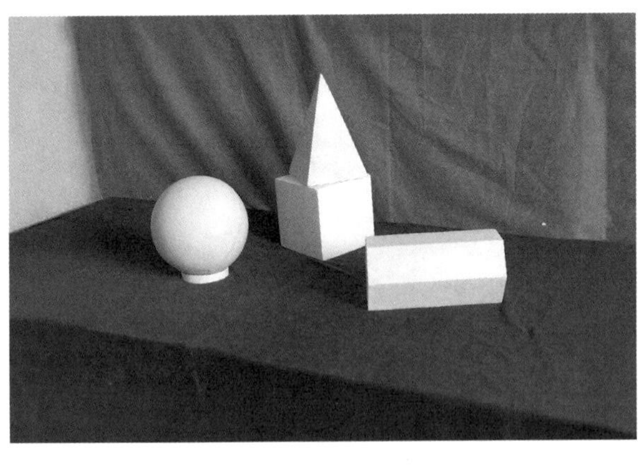
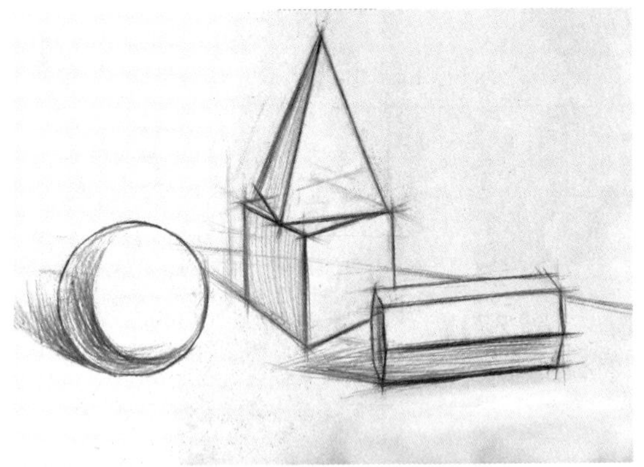

图 1.2–1 视野中的静物（左）
图 1.2–2 画面中的构图（右）

（1）构图框架

图 1.2–1 为一组写生对象，表现这组构图，首先要根据形体的宽高比例确定画面上、下、左、右物体外边缘的位置，定出构图基本框架。先用直线标出四个边缘的大概位置，物体左右外边缘不能太小，每个物体的外侧边缘到纸张边缘的距离我们叫作外空间，外空间的大小要遵循一定的比例，通常上下外空间不低于 1 ∶ 2，左右外空间控制在 1 ∶ 1 左右，但不能绝对相等，物体多且排列紧密的一侧外空间要稍大一些，有利于构图的平衡（图 1.2–3）。标记完四个外边缘后，延长各条直线，在画面上形成一个框架（图 1.2–4），然后在框架中根据物体宽高比例圈出每个物体的具体位置，此时要注意，所有处在画面边缘物体的外轮廓线必须顶在框线上，这样才能有效地发挥出框线的作用，使构图和谐、均衡（图 1.2–5、图 1.2–6）。

（2）构图的基本原则

1）均衡与重心平稳

均衡与重心平稳是构图的基本原则，主要作用是使画面平衡，具有稳定感。稳定感是人们的一种视觉习惯和审美观念，也是视觉艺术的基本

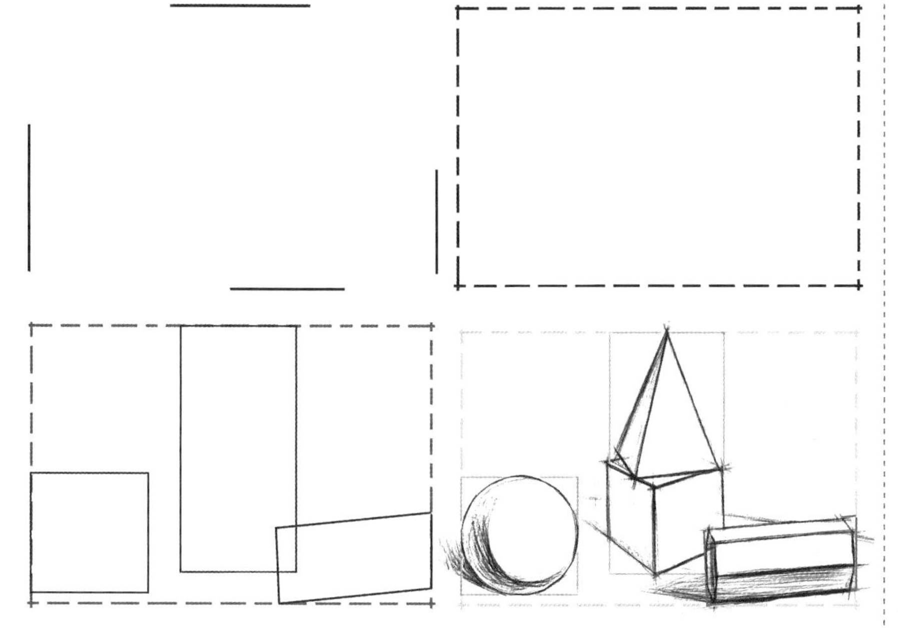

图 1.2-3　四个边缘标记（左）
图 1.2-4　整体框架（右）

图 1.2-5　物体位置（左）
图 1.2-6　形成的构图（右）

法则，只有重心稳定，画面才能平衡。构图均衡并不意味着画面绝对平均，过度平均会产生呆板、简单的感觉。构图均衡是指画面中所有物体的平面布局形成的"量感"上的平衡，这里的"量感"包含重量、数量、体量、面积等因素所传达出的大小、多少的感觉。平衡稳定的画面左右量感必然是匀称的（图 1.2-7）。图 1.2-7 中以中线为界，画面两侧物体数量、大小虽然不等，但是左侧物体面积总和与右侧物体面积总和基本相同，物体颜色都一样重，这样使画面左右两侧在重量感与面积上产生一致的感觉，从而达到了"量感"的平衡，同时重心位置接近画面中心，因此该画面构图达到了平衡与稳定。当画面左右两侧的均衡感被打破时，画面重心就会发生倾斜失去了平衡感（图 1.2-8）。画面两侧物体数量、面积、重

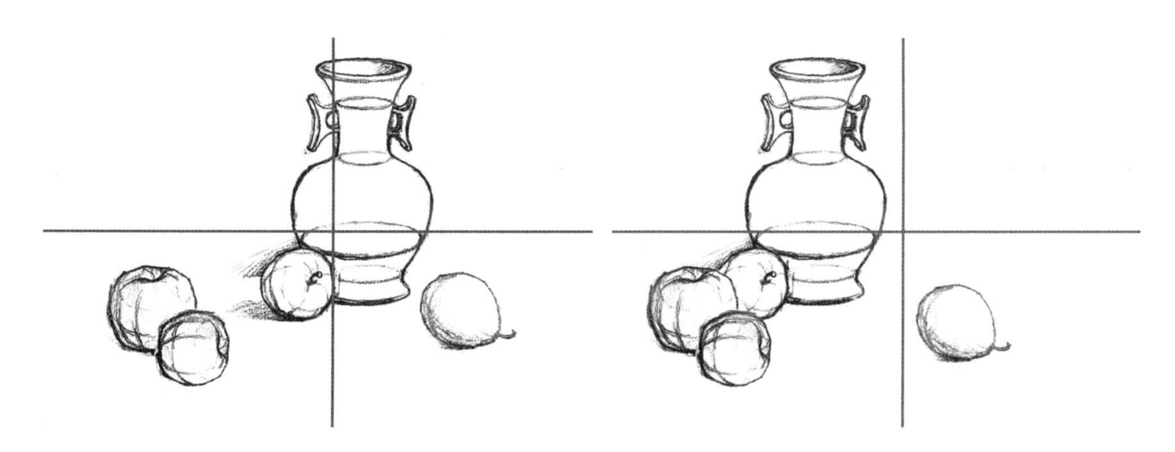

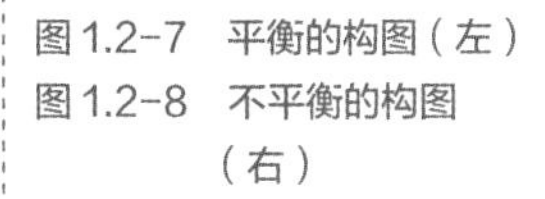

图 1.2-7　平衡的构图（左）
图 1.2-8　不平衡的构图（右）

量感都相差悬殊，重心明显偏离中心，大幅度倾向于左侧，使画面失去了平衡。

构图中还有“力”的作用可以影响画面平衡。画面中的“力”是由物体的疏密排列形成的运动感而产生的拉力。一般来说，画面体物面积较大、排列密集的位置是主体位置，而其他位置的物体与主体之间的距离决定着拉力的方向和大小。当物体与主体的距离比较近时，会产生向主体靠拢的运动趋势；当物体与主体的距离较远时，便产生脱离主体的运动趋势，形成向外的拉力。拉力的作用，能使某些量感不均匀的画面达到平衡，所以可以通过调整物体间的距离来解决构图不平衡问题。图 1.2–9 中的梨与主体的距离较近，形成向内的运动趋势，使画面重心偏左，失去平衡感。图 1.2–10 中，把梨的位置向右侧移动，产生向外运动的拉力，这样梨本身的量感加上向右的拉力的作用，就可以抗衡左侧物体的量感，使画面达到平衡了。

图1.2–9　拉力向左（左）
图1.2–10　拉力向右（右）

2）对比与节奏

一个完美的构图在保证均衡与重心平稳的前提下，必须有对比与节奏，使画面产生节奏感。对比与节奏主要包含多少、大小、疏密、轻重等因素，这些因素的对比与节奏，让画面活泼且富有韵律。画面局部物体的多与少就是疏密关系，疏密关系又叫松紧关系，一般在画面上要按照“上紧下松”的原则排布物体，即画面上方物体要密集，下方物体要疏松，密则多，松则少。画面左右布局也要有一定的疏密变化，实现数量上的对比不同，避免雷同与呆板。在重心平稳的状态下，左面松则右面紧，左面紧则右面松（图 1.2–11）。

（3）构图的基本形式

静物构图最常用的形式是三角形构图，一组静物的整体框架用直线

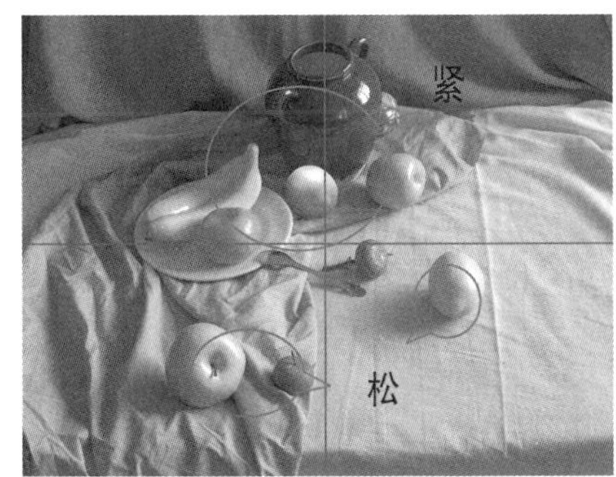

图 1.2-11　松紧关系（左上）
图 1.2-12　三角形构图（左下）
图 1.2-13　“S”形构图（右）

连接起来形成三角形，就是三角形构图（图 1.2-12）。三角形构图具有稳定感，上紧下松，对比分明，朴实无华。另外一种比较常用的构图是“S”形构图，“S”形构图顾名思义就是静物整体脉络走势呈“S”形，其特点是稳定中富有动感，画面活跃，节奏感强（图 1.2-13）。

（4）构图中常见的错误

静物写生构图需要将实际摆放静物的构图再现于画面上，教师在摆放静物时已经按照构图的原则对静物进行了有序的布置。一般情况下，写生时按照客观构图结构表现即可，但是因为画者与静物之间角度的不同，构图会有不同程度的差异，在有些角度上完全选取客观构图是不理想的，物体间的排列会缺乏合理性，因此画者需要根据构图的基本原则主观地调整画面构图，适当改变物体位置，使之分布更为合理。这就需要画者很好地掌握构图的方法和原则，做到能灵活、自如地建立画面构图。初学者难免在构图上会出现一些问题，常见错误如图 1.2-14 所示。

2. 观察与整体关系

组合的几何形体结构素描写生在观察上仍然以“整体的观察与比较”为基本方法，但更着眼于全局，这里“整体的观察”要与“整体的表现”相统一，因为写生对象是由多个形体组成，在表现上要时刻保持整体性。所以在观察上必须从整体出发，要比较形体间的比例关系、空间关系以及透视关系，保证画面的整体性、统一性和准确性。

观察与整体关系

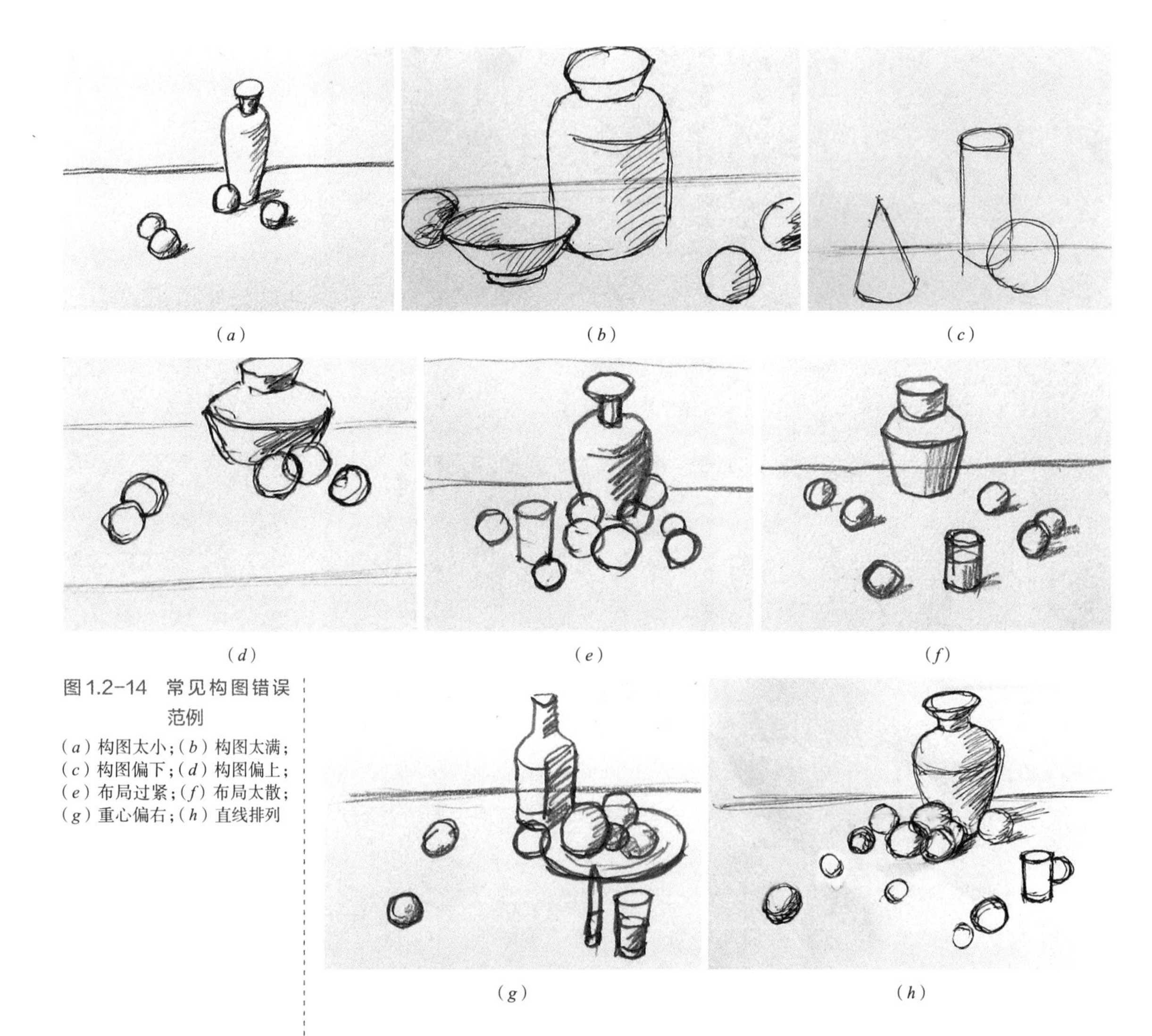
(a)　(b)　(c)
(d)　(e)　(f)
(g)　(h)

图1.2-14　常见构图错误范例
(a) 构图太小；(b) 构图太满；(c) 构图偏下；(d) 构图偏上；(e) 布局过紧；(f) 布局太散；(g) 重心偏右；(h) 直线排列

(1) 比例的观察

组合起来的多个形体写生，不能孤立地着眼于个别形体，尤其是起稿阶段不能从局部开始观察，要从整体比较不同形体的宽高差异，确定好每个物体的大小和位置，然后从个体开始造型，整体推进。

(2) 空间的观察

在空间关系上要观察写生对象中每个物体的前后位置关系，这是确定整体虚实关系的基本依据。整体虚实要以"近实远虚"为基本原则，即离我们近的物体刻画得要实一些，依次渐远的物体刻画强度要逐渐减弱。这样的整体空间关系决定了每个单体的强弱，每个单体在保证线条虚实关系明确的基础上，位于物体后面的线条要弱于前面形体的线条，这样才能构建出明确的整体空间（图 1.2-15）。

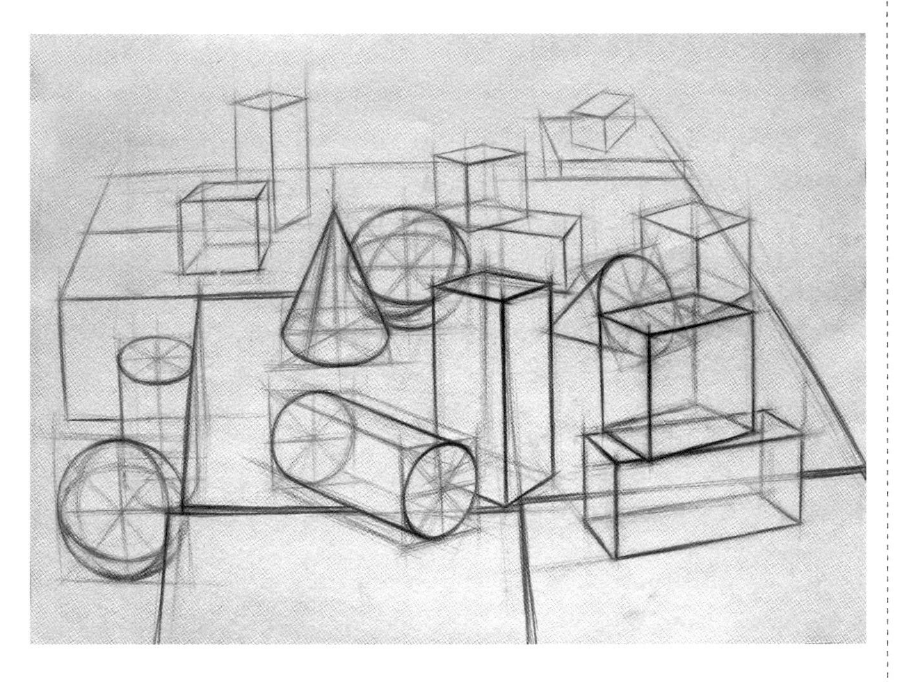

图 1.2-15　前后虚实关系

（3）透视的观察

在整体透视关系的观察上要注意，由于形体位置不同、角度不同，一组写生对象中会存在一点透视和两点透视，形体间会产生多个消失点。无论属于哪种透视，只要是水平放置的物体，消失点都会处于视平线上。把握住这一点，就能够保证画面的透视关系统一、准确。

（4）整体关系的控制

几何形体结构素描的整体关系，包括形体统一刻画进度与明确的空间关系。写生对象中的每个物体是相对独立的，组合在一起就形成了一个整体。写生中要始终保持对每个物体的同步刻画，从起稿开始到绘画的任何环节，形体刻画进度都需要保持一致，不能孤立地、一次性地完成单个形体的刻画，否则，画面就会出现不完整、不统一以及空间关系不明确的现象（详见 1.2.2 中几何形体结构素描写生步骤图）。

审美与素养拓展

绘画艺术的构图与思想传达

在绘画艺术中，构图的作用不仅仅是为了让画面完整和富有美感，构图更是一种形式语言、一种抽象的画面结构。艺术家为了表达作品的主题思想，在画面中组织安排每个形象的关系和位置，引导观者的视线，使之能够更加充分体现创作思想和艺术美感。在中国画中构图被称为“布局”或“章法”，与西方绘画中的构图在观念与形式上有一定的区别，体现出独特的艺术价值。无论是中国画还是西方绘画，无论表现的内容是什么，构图都是艺术创作重要的形式语言，对作品的思想和精神传达具有重要作用，也是影响着作品成败的重要因素（图 1.2-16）。

图1.2-16 油画《阳光下，春风里》姜铁山

图 1.2-16 是一张现实主义油画作品，表现的是一家三代人在景点旅游拍照的场面。在构图上，作者将人物头部安排在黄金分割线附近，并将远处的树处理成水平的直线形，贯穿于所有人物，使得人物更加突出，人物身体与树垂直，增强了画面的对比，使人物更具张力。这些结构的设置，都是为了让观者将视线集中于人物面部，感受他们的笑容，感受他们内心的幸福，感受画面传达出的思想主题——新时代的新生活。新时代让人民富足安康，新时代让我们快乐幸福。作品让读者进一步想到感恩与回馈，即感恩祖国的伟大，我们要不断努力，用高超的本领建设更美好的中国，用自己的双手创造幸福生活。

课中（实践）

1.2.2　几何形体结构素描写生实践（表 1.2–3）

任务 2　几何形体结构素描写生（一）任务书　　表 1.2–3

<table>
<tr><th>序号</th><th>任务内容</th><th>完成时间（分钟）</th><th>要求</th><th>工具</th><th colspan="2">评价标准（100 分）</th></tr>
<tr><td rowspan="7">1</td><td rowspan="7">几何形体结构素描写生：三个形体组合（图 1.2–17）</td><td rowspan="7">160</td><td rowspan="7">1. 构图合理，有一定的美感；
2. 形体透视与比例准确；
3. 结构表现准确，画面整体统一、空间强；
4. 须在规定时间内完成</td><td rowspan="7">1. 4 开画板；
2. 4 开素描纸；
3. 2B~6B 素描铅笔；
4. 绘画橡皮；
5. 素描削笔器或壁纸刀</td><td>构图</td><td>10 分</td></tr>
<tr><td>比例</td><td>20 分</td></tr>
<tr><td>结构</td><td>20 分</td></tr>
<tr><td>透视</td><td>20 分</td></tr>
<tr><td>空间</td><td>10 分</td></tr>
<tr><td>完成情况</td><td>10 分</td></tr>
<tr><td>学习态度</td><td>10 分</td></tr>
</table>

三个几何形体结构素描写生的步骤如下：

（1）起稿

1）构图定位

先根据静物（图 1.2–17）整体框架比例，将画面上、下、左、右物体边缘的位置用短线初步确定，使画面构图框架比例与真实静物所形成的框架比例一致。这个阶段要注意上、下、左、右四个边距的比例，上边距与下边距的比例是 1 ∶ 2 左右，让画面最上端物体以外的空间小一些，最下端物体以外空间大一些，防止画面构图产生“下沉”感。这个比例不是绝对的，但对于基础阶段来说应该遵循这一原则。左边距与右边距的比例一般是 1 ∶ 1 左右，但不能绝对相等，防止构图呆板。在保证以上比例的前提下，还要注意四个边距不能太大，也不能太小，边距

三个几何形体结构素描写生的步骤（上）

图 1.2–17　几何形体写生对象

三个几何形体结构素描写生的步骤（下）

过大会造成画面构图偏小，反之则导致画面构图偏大，具体大小要根据视觉经验而定（图 1.2−18）。

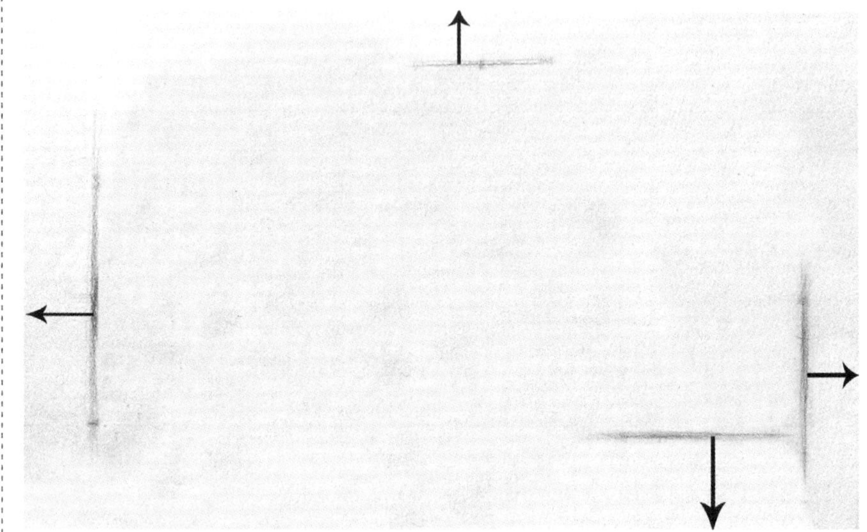

图 1.2−18　框架构图

在确定整体构图框架之后，根据静物中物体之间的大小比例、距离、“重叠”与“独立”关系，用简练的线条“圈”出每个物体的位置，然后观察比较比例是否准确（图 1.2−19）。

图 1.2−19　物体定位

2）建立线稿

根据先前勾勒出的物体位置，用线条画出物体的轮廓和基本结构。

这一阶段要注意三点：第一，要多观察物体的形体特征，轮廓、比例、结构和透视关系的表现要力求准确，线条要根据前后关系富有强弱变化，不能画得过重；第二，形体表现要概括，表现物体的主要结构，忽略细节，保持画面整体性；第三，物体外在结构与内部结构要同时表现出来，内部结构线条颜色要淡一些（图 1.2–20）。

图 1.2–20　线稿

（2）建立整体关系

肯定形体结构关系，用不同虚实的线条确定物体的空间关系及画面整体的空间关系（图 1.2–21）。

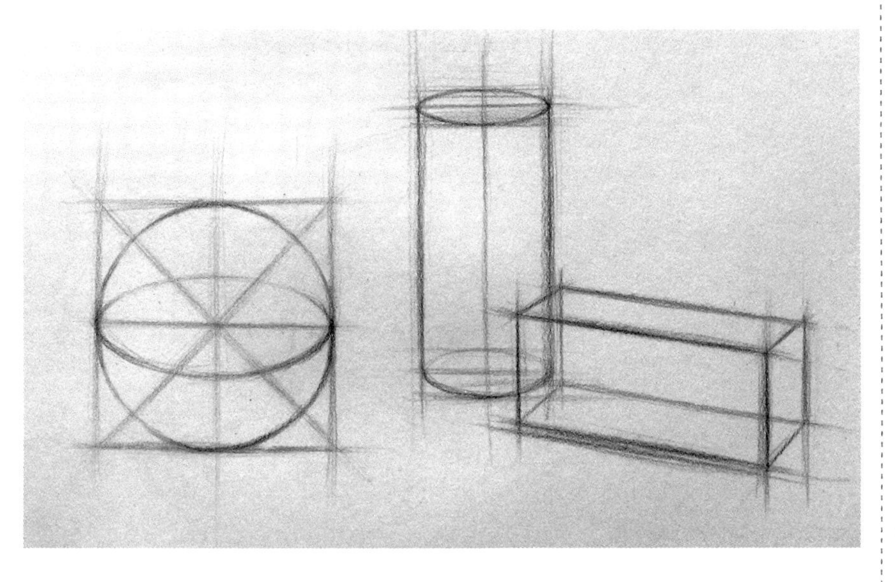
图 1.2–21　建立整体关系

（3）深入刻画

对形体及结构进行具体地、细致地刻画，增加细节，丰富线条虚实关系，强调画面空间效果（图 1.2–22）。

图 1.2–22　深入刻画

这一阶段要注意四点：第一，强调主要结构及轮廓线，将原来的线条完整化、连贯化，注意线条虚实的控制，按照“近实远虚”的原则，尽可能地丰富线条的黑白层次，增加形体空间感；第二，对形体外在结构加以刻画，使物体真实感加强；第三，加强整体空间关系的控制，突出主体；第四，注意单个形体上每个结构之间的穿插关系，抓住结构的转折部位，将每个形体结构的来龙去脉表现清晰。

（4）调整（完成）

观察画面整体关系，对画面有问题的局部进行调整，达到满意的效果。此时的调整主要是对画面局部进行修改，不宜做大幅度的改动，如果画面局部没有问题，则无需调整（图 1.2–23）。

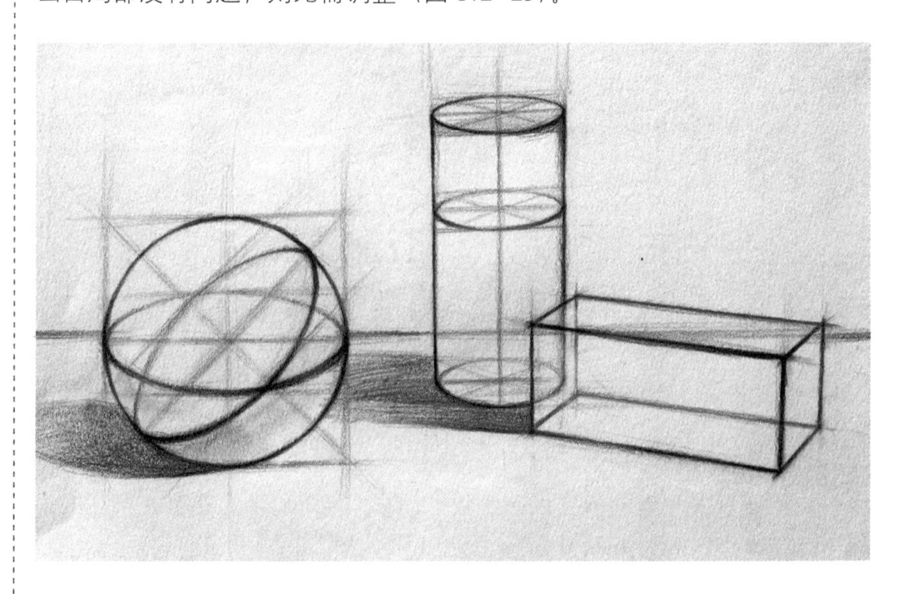

图 1.2–23　完成作品

课后（拓展）

1.2.3　三个几何形体结构素描临摹与知识测试（表 1.2–4）

课后拓展说明与要求　　表 1.2–4

序号	拓展内容	数量	完成时间（分钟）	要求	工具	评价标准（100 分）	
1	几何形体结构素描临摹：3 个形体组合	1 幅	120	1. 构图准确； 2. 比例、透视、结构表现准确； 3. 整体虚实关系明确，有空间感，与原作效果接近	1. 4 开画板； 2. 4 开素描纸； 3. 2B~6B 素描铅笔； 4. 绘画橡皮； 5. 素描削笔器或壁纸刀	构图	10 分
						比例	20 分
						结构	20 分
						透视	20 分
						空间	10 分
						完成情况	5 分
						学习态度	10 分
2	任务 2 测试题	10 道	5	按时完成任务 2 的 10 道知识测试题，允许对照答案	手机或电脑	答题情况	5 分

1. 几何形体结构素描临摹

临摹该组几何形体结构素描作品（图 1.2–24）。

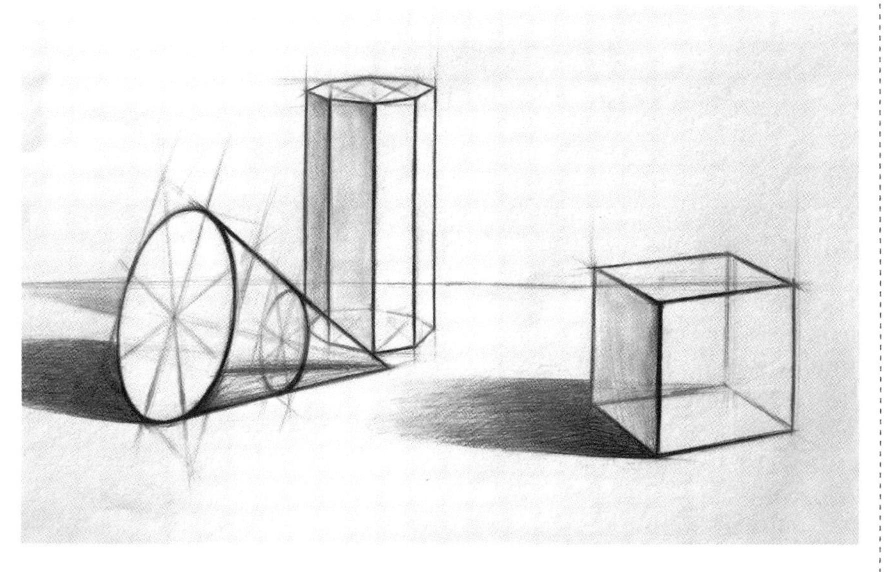

图 1.2–24　几何形体结构素描

2. 任务 2 测试题

扫描二维码答题。

任务 2 测试题

1.3 任务3 几何形体结构素描写生（二）

几何形体结构素描写生需要经过多次反复的实践，才能逐步掌握造型的方法，逐步提高造型能力。本次任务课中实践内容是几何形体结构素描写生，课后拓展的内容为造型分解的实践，这是与几何形体结构素描相配套的训练形式，它以常见的建筑造型为分解对象，将建筑的结构归纳为几何形体，再将几何形体用结构素描的形式表现出来。这个过程包含了对造型的观察、解析、演化、表现等环节，能够训练我们主动地分析建筑结构与几何形体的关系，掌握建筑造型规律与特点，对掌握专业领域的造型结构和提高造型能力起到重要作用。学习过程中要认真了解学习目标与过程（表1.3-1）、任务导读与要求（表1.3-2），理解相关知识与方法，认真实践，合理统筹课前、课中与课后学习时间，高效率地完成任务。

学习目标与过程 **表1.3-1**

学时	能力目标	知识目标	素质目标	学习过程
4	1. 具有构图组织能力和整体表现能力； 2. 具备几何形体结构素描写生的造型能力； 3. 具有对建筑形体的分解与表现能力	1. 掌握构图的知识与方法； 2. 掌握几何形体结构素描写生的方法与步骤； 3. 掌握建筑形体分解的方法与步骤	1. 热爱中华优秀传统文化； 2. 培养精益求精的职业精神	1. 课前 预习1.3.1中的知识与方法 2. 课中 完成几何形体结构素描写生步骤 3. 课后 完成建筑形体分解表现实践与测试题

任务导读与要求 **表1.3-2**

任务描述	任务分析	相关知识与方法	重难点	实施步骤与要求
任务3写生对象由圆柱体、球体、正方体和方锥结合体四个形体组成。通过对该组几何形体的写生，进一步掌握几何形体结构素描写生的构图与表现方法。学生要在要求的时间内完成课前、课中与课后的学习任务	1. 圆柱体、球体、正方体和方锥结合体的组合，在构图关系上可以先把球体和正方体看作一个形体，这样整体构图可以视为三个形体的组合； 2. 在整体空间关系上，圆柱在前，方锥结合体次之，其他居后； 3. 作画步骤要整体性	1. 构图的方法； 2. 几何形体结构素描的表现方法； 3. 建筑形体的分解方法与步骤	1. 构图与整体表现； 2. 几何形体结构素描的表现方法； 3. 建筑形体的分解方法	1. 课前 （1）准备好素描工具与材料； （2）预习1.3.1知识与方法； （3）认真听取老师答疑 2. 课中 （1）汇报预习情况与拓展作业； （2）认真听取老师对重点问题的讲解； （3）认真观看老师素描示范； （4）完成几何形体结构素描写生表现 3. 课后 （1）完成测试题； （2）学习建筑形体的分解方法与步骤，完成建筑形体的分解实践

课前（预习）

知识与方法

1.3.1　知识与方法

1. 组织构图

多个形体组合的写生对象，组织构图时可以把某两个垂直摆放的形体看作一个形体，这样看起来整体性强。这种组合不仅能够降低构图组织的难度，也能为起稿降低难度。比如图 1.3–1 中的几何形体组合，构图时可以把球体和正方体看作一个整体，从看待三个形体的视角组织画面，在构图定位时建立三个框形，具体造型时再“分而治之”。

2. 方锥结合体的观察与表现

（1）观察方法

方锥结合体是由一个长方体和一个四棱锥体穿插结合而成的形体，在表现上具有一定的难度（图 1.3–2）。表现这个形体重在观察，首先要观察长方体与棱锥的比例，然后观察二者的位置关系，最后观察透视关系。只有全面地观察，掌握其形体比例特征和构造规律，才能做到心中有数，建立准确的形体结构。

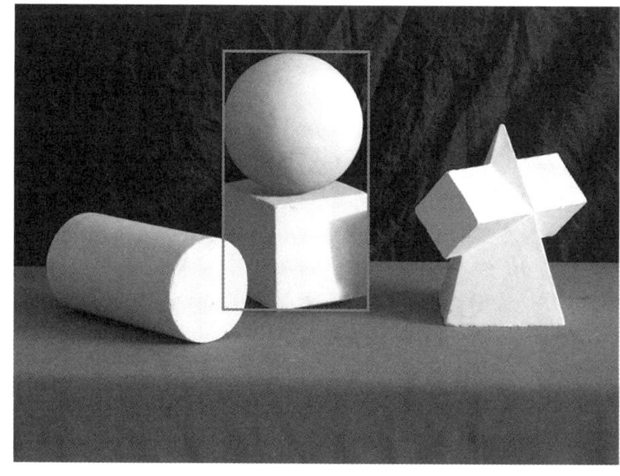

图 1.3–1　观察对象（左）
图 1.3–2　方锥结合体（右）

（2）表现方法

1）首先画出四棱锥体的轮廓与结构（图 1.3–3）。

2）观察长方体整体高度（最上边线到最下边线的距离）与棱锥左侧边线长度的比例，确定长方体整体高度；观察棱锥未被长方体贯穿的上下两部分边线长度与长方体总体高度的比例，确定长方体上下边线的位置并表现出来；观察长方体的倾斜角度，确定透视关系，然后根据长方体上下两个斜面的宽度比例画出同一方向的其他结构线（图 1.3–4）。

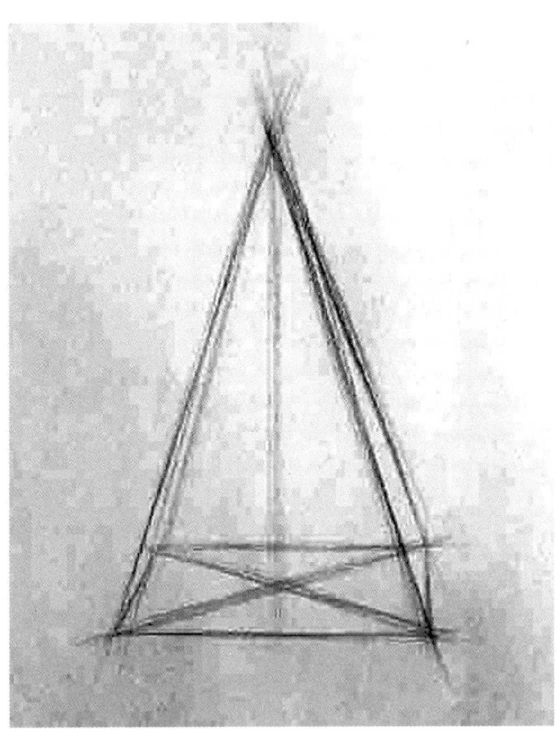

图1.3–3　四棱锥体结构表现

图1.3–4　长方体横线穿插

图1.3–5　完整结构

3）根据长方体外在的左右两侧边长与四棱锥体上下方外在边的长度比例以及长方体侧面边线的倾斜角度，确定长方体整体宽度和外在结构的长度，根据透视关系表现出其他结构线（图1.3–5）。这个过程要整体观察、反复比较形体的透视及比例，发现问题要及时调整。

4）根据前后关系及穿插关系确定外在结构线的虚实关系，表现出形态基本的空间效果，直至深入完成（图1.3–6、图1.3–7）。

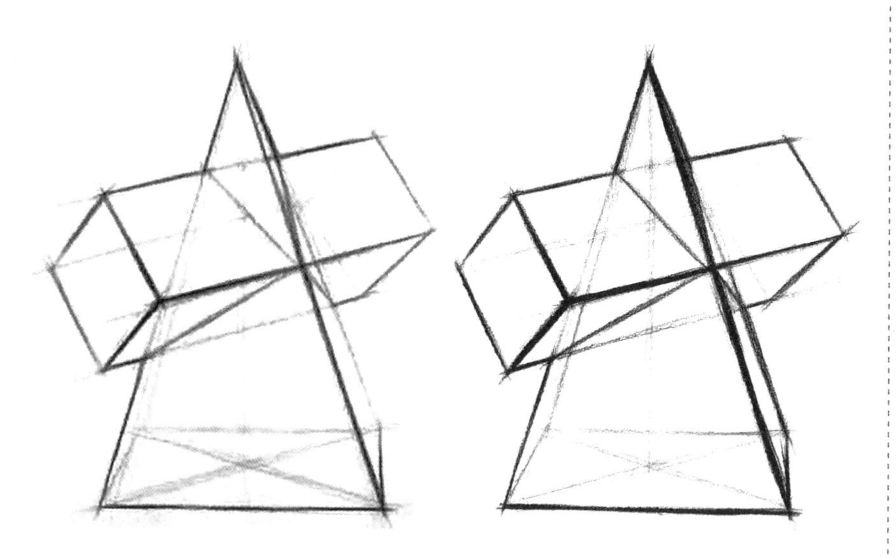

图1.3-6　建立虚实关系（左）
图1.3-7　深入完成（右）

审美与素养拓展

从“伎工于习，事成于勉”达至“胸有成竹”

“伎工于习，事成于勉”，出自明代宋懋澄《九龠别集·与曹大》。意思是精湛的技艺源于不断练习，事情的成功源于勤奋和努力。说明要达到技艺熟练和成功，需要勤学苦练与不断的实践。

“胸有成竹”出自北宋著名的画家文与可的故事。文与可开创了墨竹画派，对后世的画坛影响深远。他为了画好竹子，长年累月地对竹子进行细微的观察和研究，并进行详细的记录。竹子在不同的季节、在不同的天气里，竹子的形状、颜色、姿态有什么变化；在白天和夜晚，竹子有什么变化、不同品种、年龄的竹子，又有哪些不同的变化，经过他的观察和研究，对竹子的形态、生长、变化摸得一清二楚。在此期间，他达到了一种忘我的境界，不管是春夏秋冬，严寒酷暑，也不管狂风暴雨，他都始终如一、全神贯注地观察竹子的变化。竹子在不同季节、不同天气、不同时辰的形象都深深地刻在了他的心里，所以每次提笔作画时，都能从容自信地画出栩栩如生的竹子。诗人晁补之的诗中云：“与可画竹时，胸中有成竹。”“胸有成竹”的故事告诉我们：做事只要持之以恒，就能做到熟能生巧。

“伎工于习，事成于勉”与“胸有成竹”的道理相通，前者强调了不断坚持实践、持之以恒的重要性，后者强调了量变达到质变的必然。我们学习绘画、做设计，乃至从事专业技术活动，都应坚持勤学苦练与不断的实践，从“伎工于习，事成于勉”达至“胸有成竹”。

课中（实践）

1.3.2 四个几何形体结构素描写生实践（表 1.3–3）

任务 3 几何形体结构素描写生（二）任务书 表 1.3–3

序号	任务内容	完成时间（分钟）	要求	工具	评价标准（100 分）	
1	几何形体结构素描写生：四个形体组合（图 1.3–8）	160	1. 构图合理，有一定的美感； 2. 形体透视与比例准确； 3. 结构表现准确，画面整体统一、空间强； 4. 须在规定时间内完成	1. 4 开画板； 2. 4 开素描纸； 3. 2B~6B 素描铅笔； 4. 绘画橡皮； 5. 素描削笔器或壁纸刀	构图	10 分
					比例	20 分
					结构	20 分
					透视	20 分
					空间	10 分
					完成情况	10 分
					学习态度	10 分

图 1.3–8 表现对象

几何形体结构素描写生的步骤如下：

（1）起稿

建立形体的轮廓及基本结构，注意构图的合理性（图 1.3–9）。

（2）建立整体关系

确定形体结构及空间关系（图 1.3–10）。

（3）深入刻画

整体加强形体结构的刻画，丰富线条虚实关系，增强画面空间效果（图 1.3–11）。

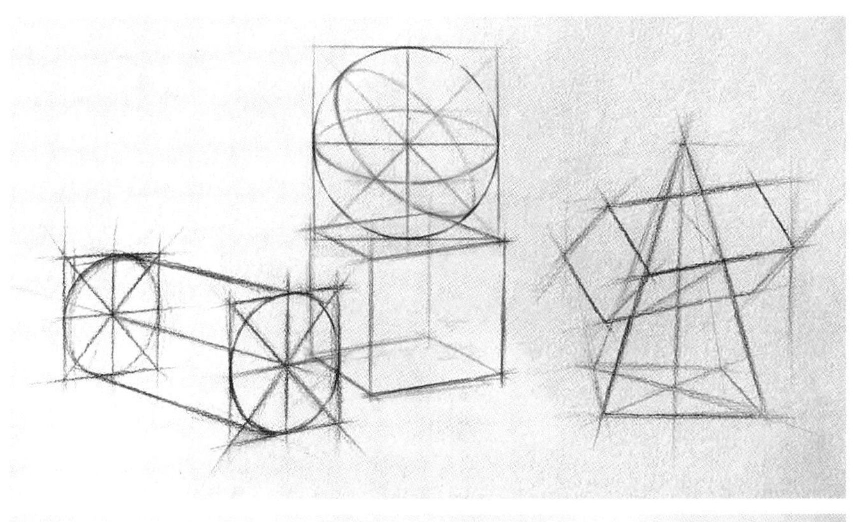

图 1.3-9　起稿

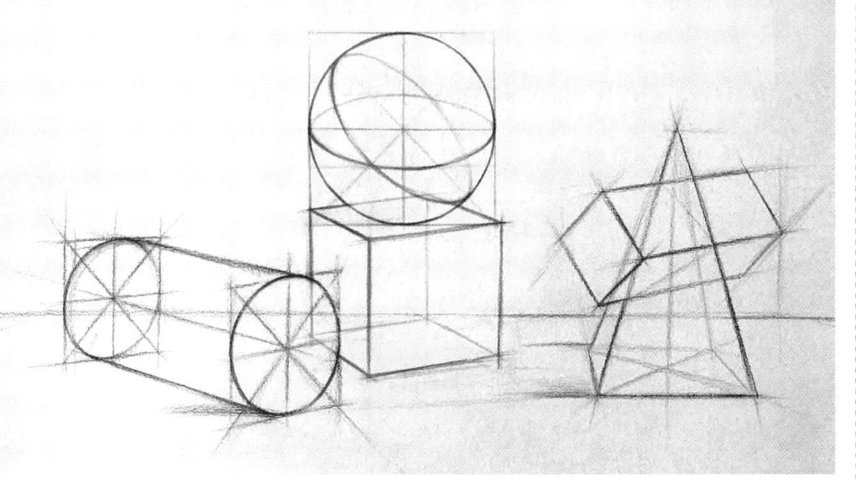

图 1.3-10　整体关系

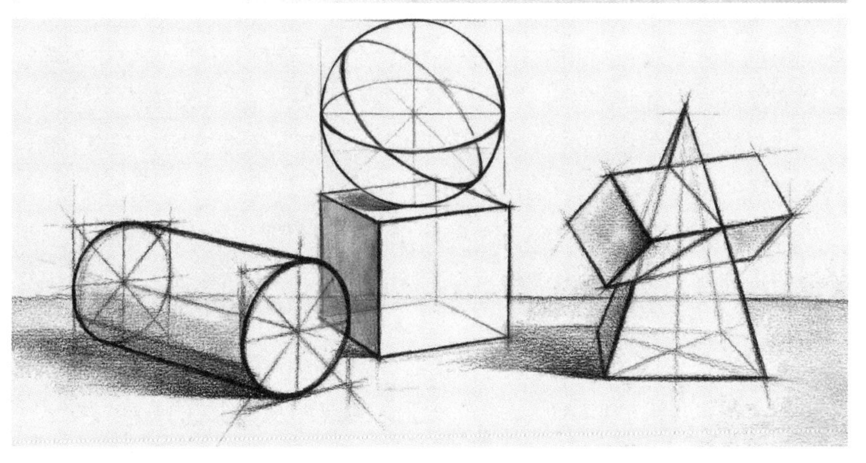

图 1.3-11　深入刻画

（4）调整（完成）

观察画面整体关系，对有问题的局部进行调整。

课后（拓展）

1.3.3 建筑造型分解实践与知识测试（表 1.3–4）

课后拓展说明与要求 表 1.3–4

序号	拓展内容	数量	完成时间（分钟）	要求	工具	评价标准（100 分）	
1	建筑造型分解表现	1 幅	120	1. 按照步骤进行建筑造型分解； 2. 所选择图片中的建筑造型要能分解出三个以上的几何形体； 3. 根据分解出来的几何形体自行组织构图	1.4 开画板； 2.4 开素描纸； 3.2B~6B 素描铅笔； 4. 绘画橡皮； 5. 素描削笔器或壁纸刀	构图	20 分
						比例	10 分
						结构	20 分
						透视	20 分
						空间	10 分
						完成情况	5 分
						学习态度	10 分
2	任务 3 测试题	10 道	5	按时完成任务 3 的 10 道测试题，允许对照答案	手机或电脑	答题情况	5 分

1. 建筑造型分解表现的方法与步骤

建筑造型分解表现，是将建筑的结构归纳为几何形体，再将几何形体以结构素描的形式表现出来，训练的核心内容仍然是几何形体结构素描表现，但能够让我们更好地掌握建筑形体的构成及造型规律，为以后的建筑造型表现奠定基础。

（1）在“建筑造型分解与重组素材”中选择一张建筑图片贴在一张 4 开素描纸的左上角处 [图 1.3–12（*a*）]；

（2）观察图片中建筑的各个部分结构，分析其形态属于哪种几何形体，然后将观察分析出来的形体以简图的形式表现于素描纸的指定位置 [图 1.3–12（*b*）]；

（3）在素描纸的右侧将这些几何形体以结构素描的形式表现出来。在建筑物上重复出现的形体可以多角度重复表现，注意构图的合理性与透视的统一性 [图 1.3–12（*c*）]。

建筑造型分解表现的方法与步骤

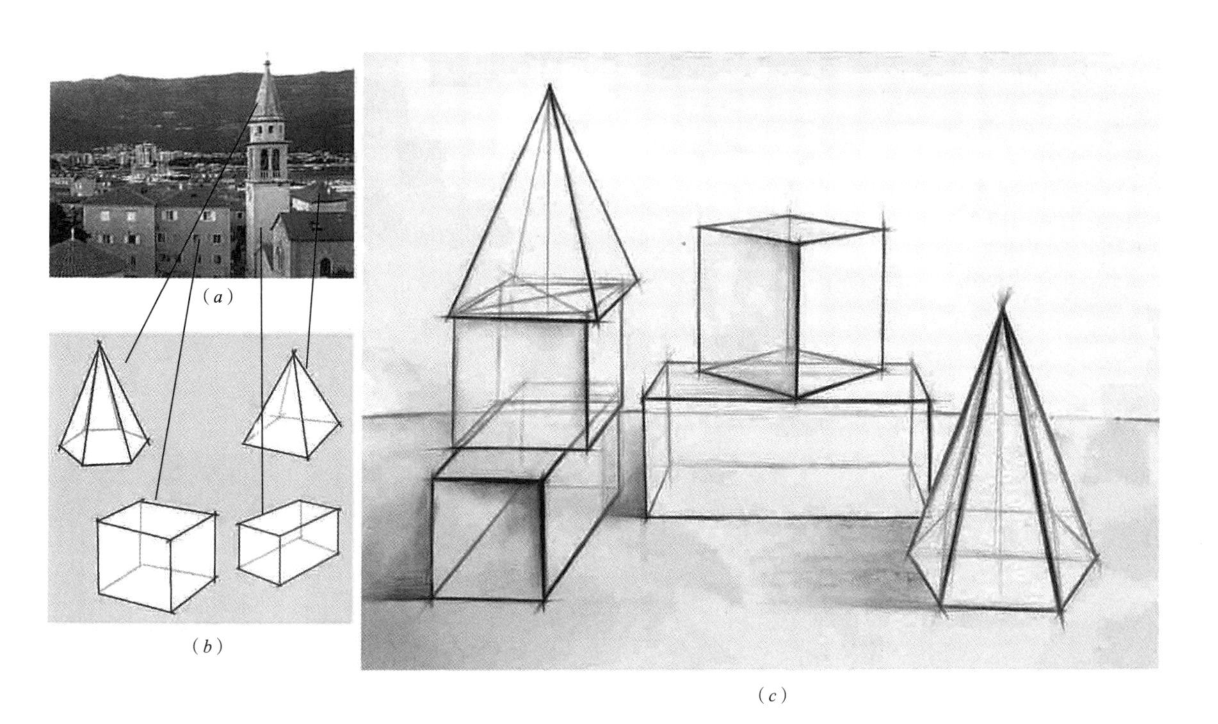

图 1.3–12　建筑造型分解步骤与版式

2. 任务 3 测试题

扫描二维码答题。

任务 3 测试题

1.4 任务 4 静物结构素描写生（一）

静物结构素描是几何形体结构素描的深化和延续。静物在形态结构上，具备几何形体的特征，又区别于几何形体。几何形体是构成静物的基本造型元素，一个静物是由多个几何形体组合、演变而成的（图 1.4–1）。因此静物结构素描训练是将几何形体素描训练加以升华并承上启下的重要环节，能够进一步提高专业造型能力和审美能力。

图 1.4–1 静物与几何体的关系

静物结构素描写生，是将两个以上静物组合成一组写生对象，画者通过观察、参考对象客观效果而进行的结构素描表现方式。写生中要加强构图组织、形体表现和整体关系控制（表 1.4–1、表 1.4–2）。

学习目标与过程 表 1.4–1

学时	能力目标	知识目标	素质目标	学习过程
4	1. 具有构图组织能力； 2. 具有整体表现能力； 3. 具备静物结构素描写生能力	1. 掌握构图的知识与方法； 2. 掌握静物结构素描写生的方法与步骤	提高审美素养，热爱中华优秀传统文化	1. 课前 预习 1.4.1 中的知识与方法 2. 课中 完成静物结构素描写生实践 3. 课后 完成静物结构素描临摹作业与测试题

任务导读与要求　　**表 1.4–2**

任务描述	任务分析	相关知识与方法	重难点	实施步骤与要求
任务 4 写生对象由一个陶罐和三个苹果组成的静物。通过对该组静物的写生，掌握静物结构素描的构图与表现方法。学生要在规定时间内完成课前、课中与课后的学习任务	1. 陶罐结构多由大小不等的规则圆形罗列而成，外形对称，需要整体地注意透视变化； 2. 苹果具有球体的外在特征，需要通过纵、横两个方向的曲线表现其结构； 3. 写生过程中要注意作画步骤的整体性	1. 构图的方法； 2. 静物结构素描写生的步骤	1. 构图的方法； 2. 整体的观察与表现方法； 3. 静物结构素描的表现方法	1. 课前 (1) 准备好素描工具与材料； (2) 预习 1.4.1 知识与方法； (3) 认真听取老师答疑 2. 课中 (1) 汇报预习情况与拓展作业； (2) 认真听取老师对重点问题的讲解； (3) 认真观看老师素描示范； (4) 完成静物结构素描写生表现 3. 课后 (1) 完成测试题； (2) 完成静物结构素描临摹作业

课前（预习）

1.4.1　知识与方法

1. 静物结构素描的概念

静物结构素描是以线条为主要手段来表现物体的结构与空间的素描形式。静物结构素描是通过线条的强弱、虚实对比关系来表现物象内外部构造及空间关系，可以使用简单的明暗调子来加强体积及空间效果（图 1.4-2）。

静物结构素描的概念、静物结构素描的表现方法

图 1.4-2　静物结构素描

2. 静物结构素描的表现方法

静物结构素描与几何形体结构素描的表现方法基本相同，在形体剖析上都比较理性，忽视外在的非结构因素，以线条为主要表现手段。静物结构相对复杂，分析和表现形体要把客观对象想象成透明体，把物体自身的前与后、内与外的结构表现完整。表现静物主要从形体分解、透视关系、线条表现、空间关系几个方面入手。

（1）静物结构的观察与理解

分析静物结构最重要的是观察，动笔之前一定要认真剖析物体的内外部构造，一个静物是几何形体的集合体，要将物体结构用几何形体解析，了解物体的基本构成要素再去表现，这样才能准确表现出静物的结构和空间。剖析物体结构的基本方法是“化整为零”，就是在观察分

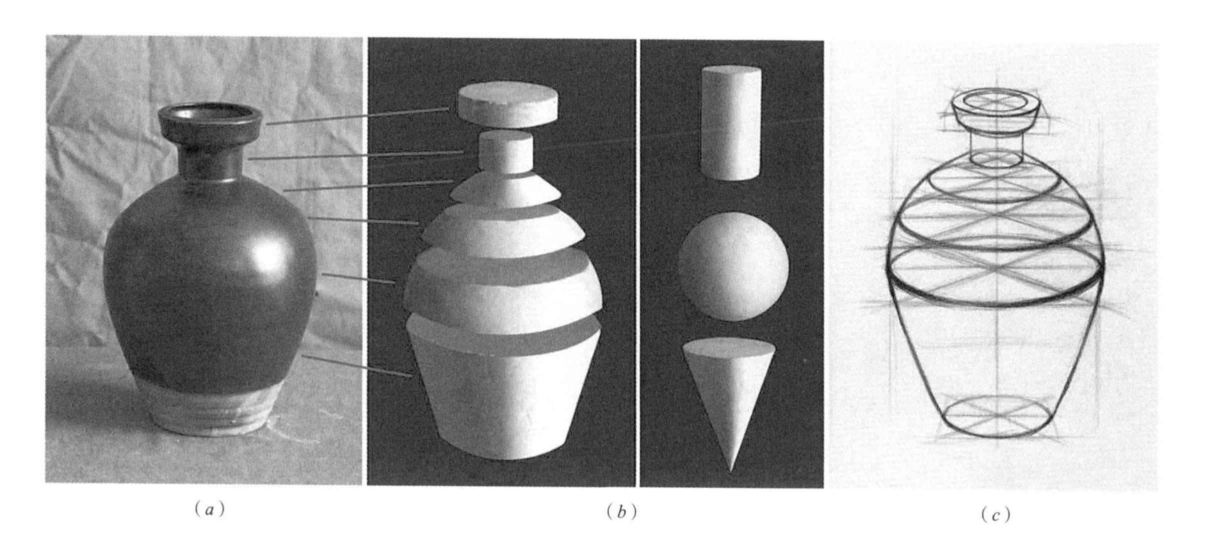
(a)　(b)　(c)

图1.4-3　罐子结构解析
(a) 罐子实体；(b) 结构分解；(c) 结构素描表现

析过程中将物体结构进行拆解，还原它们的基本形态 [图 1.4-3（a）、图 1.4-3（b）]。

罐子形状对称，表面平滑均匀，从罐子口到罐子底部，每一个剖面都呈正圆形，在形态上十分规则。罐子结构经过拆解后，各部分基本形态分别为球体、圆锥体和圆柱体 [图 1.4-3（b）]，表现罐子只需要将这些形体按照罐子具体的比例罗列出来，便可得到罐子的基本造型。具体塑造时，仍然要将罐子的微妙转折表现到位，才可以还原真实的罐子形态和空间。比如罐子上下方的锥体结构，其外轮廓边线呈现的是弧线形，这就需要在深入刻画时将起初的直线形逐渐演变成弧线形 [图 1.4-3(c)]。类似的结构在其他罐子不同位置经常出现，所以我们要认识到，从几何形体入手分析和分解静物形体，只是认识形体的一种方式，以几何形体概括表现形体只是造型的初级阶段，还原静物具体的造型特征才是静物结构素描的目的。

苹果结构经过拆解后 [图 1.4-4（a）]，各部分基本形态分别为球体和空心的圆锥体（锥桶）[图 1.4-4（b）]，这是概括的形态，给我们提供了表现苹果的造型依据，在此基础上，还要表现出苹果的个性化特征，比如苹果坑的锥桶形是曲面转折的、苹果的球体部分不像正球体那样平滑均匀、转折幅度充满变化等。这就要求我们作画时要在高度概括的基础上，一方面要表现出大的形体转折，因为大的形体转折之处是主要结构的连接之处，能够塑造出物体的基本形体关系；另一方面在深入过程中，要在形体转折微妙之处增加结构线表现细节变化。这样才能将苹果的具体特征表现得更为完善 [图 1.4-4（c）]。

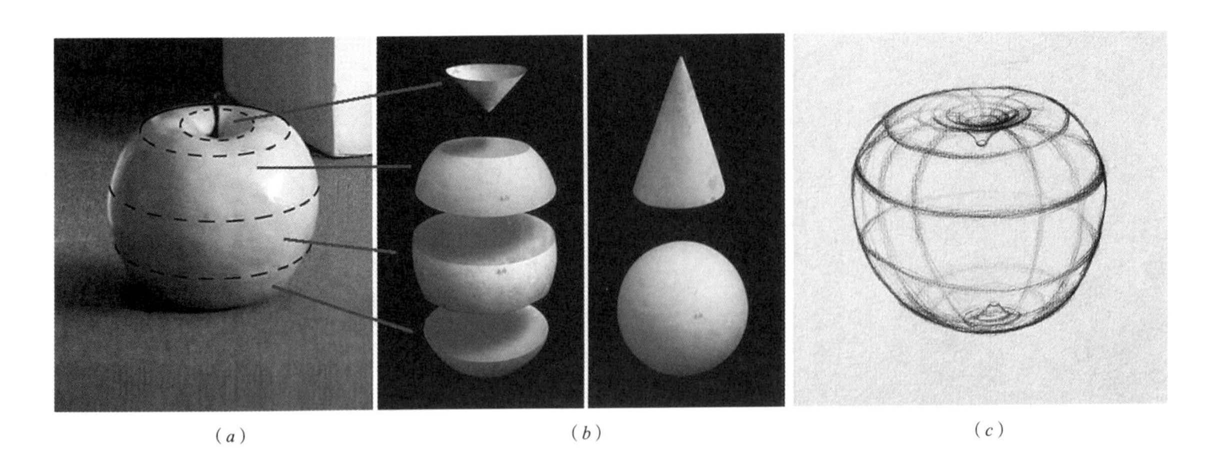

图1.4-4 苹果结构解析
(a) 苹果实体；(b) 结构分解；(c) 结构素描表现

（2）透视关系

静物结构素描通常表现圆形的结构较多，无论罐子还是苹果，在其形体上都存在着若干圆形结构。在正立的罐子上，自上而下罗列的圆形结构呈平行状态，其透视与圆柱体透视类同，呈现规律性变化，其总体特征是自下而上，随着视线的上移，椭圆的形状越来越扁（图1.4-5）。

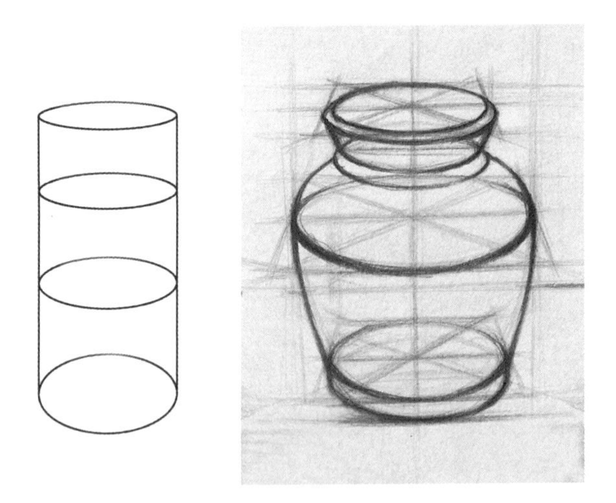

图1.4-5 罐子的透视关系

苹果结构的透视既有罐子上圆形透视的特征，又有自身的特征——自左向右排列的圆形透视变化规律。这与球体结构的透视相似，即所有左右方向排列的椭圆越是靠近边缘线，其弧度越大，越是靠近苹果的中心，其弧度越小（图1.4-6）。

（3）线条的表现与空间关系

表现静物结构素描时，在线条的运用上依然按照“先长后短、先方后圆、先松后紧、近实远虚”的原则，同时要运用多种不同的线条表现不同幅度的形体转折，力求以丰富的线条塑造形体。

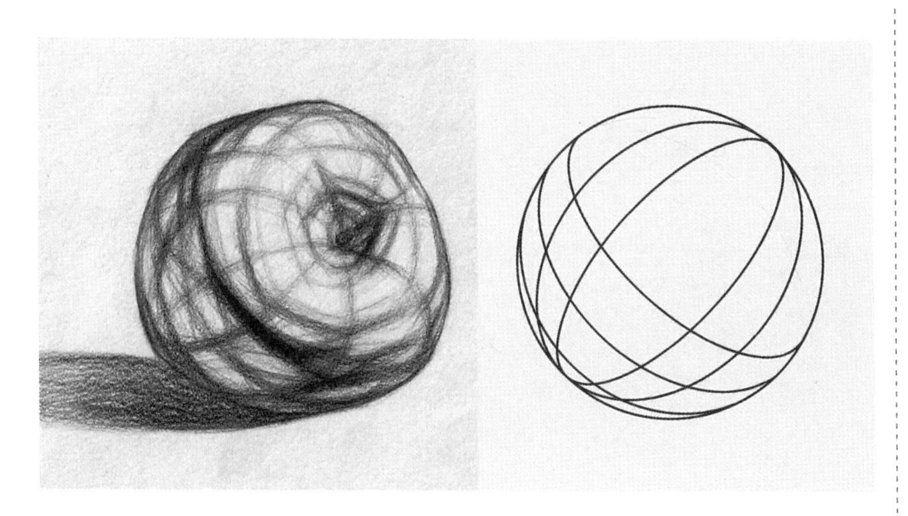

图1.4-6　苹果的透视关系

辅助线条也是静物结构素描必不可少的造型元素，与表现几何形体相比，静物结构素描需要借助更多、更丰富的辅助线条与框形来造型。辅助线条要弱于一切形体结构线条，不能与结构线相混淆，在形体塑造完成时可以保留。

静物造型及结构要比几何形体复杂，而且内外部线条需要同时表现，这就避免不了线条之间的穿插。同几何形体结构素描一样，我们在表现静物结构时也要把客观对象想象成透明体，将内外部所有结构线都完整地表现出来，捋清线条的前后及内外部关系，形成清晰的穿插脉络，为结构和空间的表现服务。

罐子的表现与步骤

3. 罐子的表现步骤

（1）起稿

根据罐子总体高度和宽度（图1.4-7）比例画出一个长方形并画出其中轴线。在长方形内概括出罐子的大体轮廓（图1.4-8）。

（2）建立基本形体

根据罐子结构转折位置，建立若干长方形及中线，根据透视关系建立椭圆形结构（图1.4-9）。

（3）确定空间关系

根据结构的前后关系，

图1.4-7　罐子

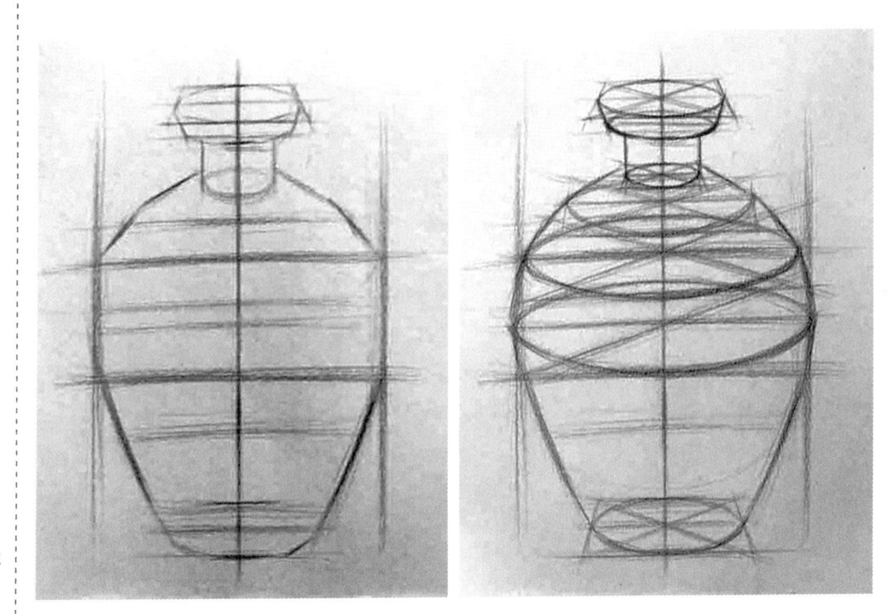

图1.4-8 起稿（左）
图1.4-9 建立基本形体（右）

区分线条的虚实，强化主要转折之处的线条，为形体建立基本的空间关系（图 1.4-10）。

（4）深入刻画

进一步强化结构线的表现力度，加强空间感，完善细节刻画。

（5）完成

观察画面的整体效果，对局部存在的形体、线条、空间等问题做适度调整（图 1.4-11）。

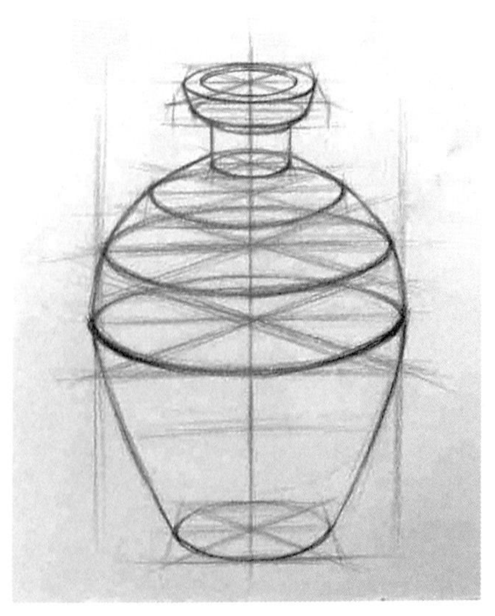

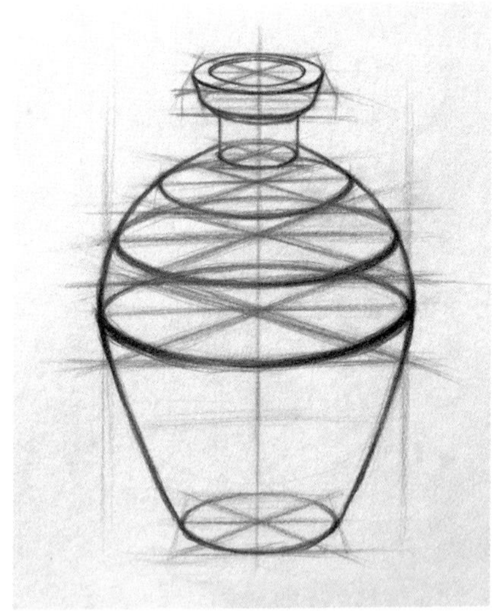

图1.4-10 建立空间关系（左）
图1.4-11 完成（右）

4. 苹果的表现步骤

（1）起稿

观察苹果（图 1.4－12），用简练的线条概括出形体的轮廓和大的体面转折线（图 1.4－13）。

（2）建立基本形体

将苹果的主要结构表现出来，分别用横向和竖向的曲线表现出苹果的结构（图 1.4－14）。

（3）确定空间关系

根据结构的前后远近关系，区分线条虚实，强化主要转折之处的线条，为形体建立基本的空间关系（图 1.4－15）。

苹果的表现步骤

图1.4－12　苹果（左上）
图1.4－13　起稿（右上）
图1.4－14　建立基本形体（左下）
图1.4－15　建立空间关系（右下）

图 1.4-16　完成

（4）深入刻画

进一步强化结构线的表现力度，强调空间感，完善细节刻画。苹果坑的线条强度要根据苹果坑实体的明暗关系确定，表现苹果坑受光的部位用线要弱，背光的部位用线则强。

（5）完成

观察画面的整体效果，适当进行调整后结束表现（图 1.4-16）。

审美与素养拓展

“墨分五色”与结构素描的虚实关系

墨分五色，是中国画技法术语，指通过水调节出不同深浅层次的墨色，指焦、浓、重、淡、清。墨分五色能够为画面制造出丰富的空间层次和虚实相生、韵味十足的视觉效果，营造出美幻的水墨意境。墨分五色对于传统书画达到至高的精神境界具有重要意义，是古人追求、探索艺术高度过程中的实践成果。

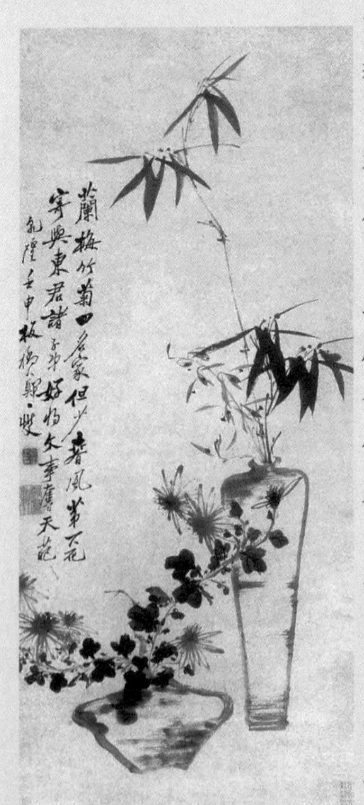
图 1.4-17 《兰梅竹菊图》，清，郑板桥

结构素描中线条的虚实层次与墨分五色有共通之处，都是为画面空间层次服务。结构素描通过不同明暗层次的线条表现，产生虚实关系，来营造形体的体积和空间；而中国画表现手段恰恰也是由不同深浅层次的线条来营造画面的空间与意境。由此可见，线条以及线条的明暗变化，是不同画种表现形体与空间的共同形式语言。但“墨分五色”在艺术形式上却更为高级，它超越了单纯的客观再现，体现出我国古人对自然、对世界的精神感悟，已经升华到了更深层次的艺术境界（图 1.4-17）。

课中（实践）

1.4.2　静物结构素描写生实践（表 1.4–3）

静物结构素描写生的步骤（上）

静物结构素描写生的步骤（下）

任务 1.4　静物结构素描写生（一）任务书　　表 1.4–3

序号	任务内容	完成时间（分钟）	要求	工具	评价标准（100 分）	
1	静物结构素描写生：四个形体组合的静物（图1.4–18）	160	1. 构图合理，有一定的美感； 2. 形体透视与比例准确； 3. 结构表现准确，画面整统一、空间强； 4. 须在规定时间内完成	1.4 开画板； 2.4 开素描纸； 3.2B~6B 素描铅笔； 4. 绘画橡皮； 5. 素描削笔器或壁纸刀	构图	10 分
					比例	20 分
					结构	20 分
					透视	20 分
					空间	10 分
					完成情况	10 分
					学习态度	10 分

图 1.4–18　静物写生对象

静物结构素描写生的步骤如下：

（1）起稿

根据静物提供的构图框架，用简练的线条在画面勾勒出物体的轮廓和框架（图 1.4–19）。

图1.4-19　起稿

（2）建立形体

确定每个物体轮廓并表现出基本结构（图 1.4–20）。

图1.4-20　建立形体

（3）深入刻画

对形体及结构进行具体、细致地刻画，增加细节，通过线条的虚实关系来为画面营造不同的空间效果（图 1.4–21）。

图1.4-21　深入刻画

（4）完成

整体观察画面，对有问题的局部进行调整，直至达到满意的效果（图 1.4-22）。

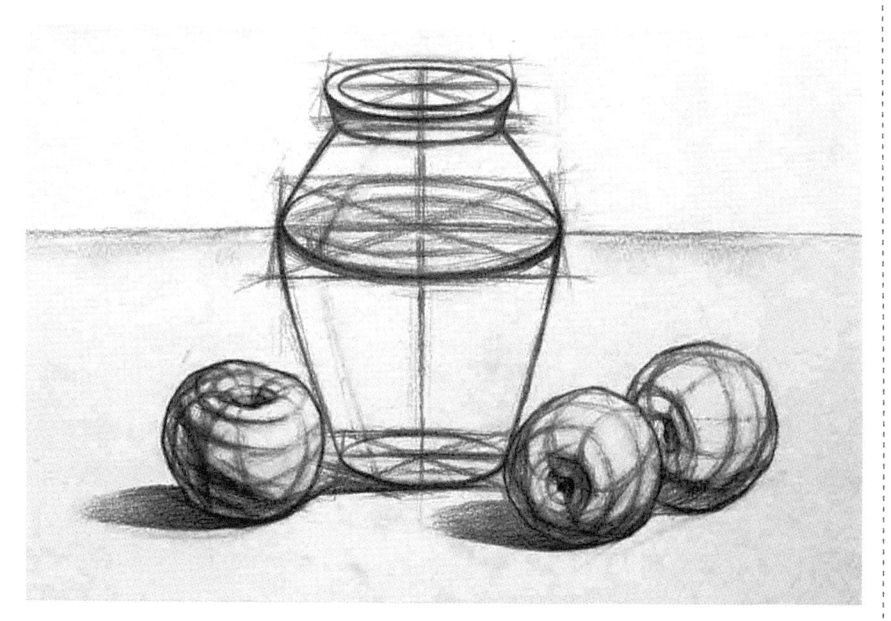

图1.4-22　完成

课后（拓展）

1.4.3 静物结构素描临摹与知识测试（表 1.4–4）

课后拓展说明与要求　　表 1.4–4

<table>
<tr><th>序号</th><th>拓展内容</th><th>数量</th><th>完成时间（分钟）</th><th>要求</th><th>工具</th><th colspan="2">评价标准（100 分）</th></tr>
<tr><td rowspan="7">1</td><td rowspan="7">静物结构素描临摹（图 1.4–23）</td><td rowspan="7">1 幅</td><td rowspan="7">120</td><td rowspan="7">1. 构图准确；
2. 比例、透视、结构表现准确；
3. 整体虚实关系明确，有空间感，与原作效果接近</td><td rowspan="7">1. 4 开画板；
2. 4 开素描纸；
3. 2B~6B 素描铅笔；
4. 绘画橡皮；
5. 素描削笔器或壁纸刀</td><td>构图</td><td>10 分</td></tr>
<tr><td>比例</td><td>20 分</td></tr>
<tr><td>结构</td><td>20 分</td></tr>
<tr><td>透视</td><td>20 分</td></tr>
<tr><td>空间</td><td>10 分</td></tr>
<tr><td>完成情况</td><td>5 分</td></tr>
<tr><td>学习态度</td><td>10 分</td></tr>
<tr><td>2</td><td>任务 4 测试题</td><td>10 道</td><td>5</td><td>按时完成任务 4 的 10 道知识测试题，允许对照答案</td><td>手机或电脑</td><td>答题情况</td><td>5 分</td></tr>
</table>

图 1.4–23　静物结构素描

1. 静物结构素描临摹

临摹该组静物结构素描作品（图 1.4–23）。

2. 任务 4 测试题

扫描二维码答题。

任务 4 测试题

1.5　任务 5　静物结构素描写生（二）

本次任务课中实践内容仍然是静物结构素描写生，写生对象数量有所增加，相对应的构图、整体关系控制及深入刻画的难度都有所增加。课中实践要把握好时间的分配，适度提高表现的节奏，同时不能忽略细节的刻画。课后拓展的内容仍为静物结构素描临摹，临摹中要严谨地遵循静物结构素描表现步骤，要一丝不苟、精益求精地体现出原作面貌，这样可以让我们更为熟练地掌握静物的造型规律和表现方法（表 1.5–1、表 1.5–2）。

学习目标与过程　　**表 1.5–1**

学时	能力目标	知识目标	素质目标	学习过程
4	1. 具有构图组织能力； 2. 具有整体表现能力； 3. 具备静物结构素描写生能力	1. 掌握构图的知识与方法； 2. 掌握静物结构素描写生的方法与步骤	提高审美素质，热爱中华优秀传统文化	1. 课前 预习 1.5.1 中的知识与方法，观看相关视频 2. 课中 完成静物结构素描写生实践 3. 课后 完成静物结构素描临摹作业与测试题

任务导读与要求　　**表 1.5–2**

任务描述	任务分析	相关知识与方法	重难点	实施步骤与要求
任务 5 写生对象是由一个花瓶、一个陶罐和三个水果组成的静物。通过对该组静物的写生，掌握静物结构素描的构图与表现方法。学生要在要求的时间内完成课前、课中与课后的学习任务	1. 该组静物均由简单的造型组成，花瓶结构略显复杂，刻画时要将微妙的转折刻画到位； 2. 写生过程中要注意作画步骤的整体性	1. 构图的方法； 2. 静物结构素描写生的步骤	1. 构图的方法； 2. 整体的观察与表现方法； 3. 静物结构素描写生的步骤	1. 课前 （1）准备好素描工具与材料； （2）预习 1.5.1 知识与方法； （3）认真听取老师答疑 2. 课中 （1）汇报预习情况与拓展作业； （2）认真听取老师对重点问题的讲解； （3）完成静物结构素描写生实践 3. 课后 （1）完成测试题； （2）完成静物结构素描临摹作业

课前（预习）

1.5.1 知识与方法

回顾 1.2.1、1.4.1 知识与方法。

审美与素养拓展

绘画艺术的线条之美

线条是绘画艺术中表现形态最基本的语言，它可以作为形象间的分界线，用来表现形体轮廓，也可以成为造型主要的表现手段，来“立形”“立意”。素描是通过线条来“立形”，表现形体结构；而中国画是通过线条建立的形象表达某种情感、精神以及象征性的寓意。无论表现的内容、方向、形式及目的如何，线条的形式美感，都是其他绘画语言不可替代的。不同的画种在运用线条上都有不同的讲究，其共同的目的都是经营美感，而在线条上达到极致美感的画种是中国画，中国画中的线条所形成的独特艺术语言，使中国画具有独特的艺术品位和艺术价值。

线条是中国画中主要的造型元素之一，与西方绘画相比，它不局限于对客观物象的描摹，它本身就蕴含着精神与情感的表达，具有独特的东方审美意味。首先中国画线条的表现需要高超技艺，从表现工具及线条直观效果上能够充分体现出这一点，线条的表现中需要将“力”与“气”融为一体，这使线条具有强烈的艺术性和生命力。“气”与“力”的结合，也使线条产生了韵味，具体表现为运笔中的刚柔并济、虚实相生等，注重“握笔既定、凝神息气”，使作品气韵贯通，这进一步丰富了中国画的文化内涵。

东晋时期，顾恺之所画的《女史箴图》，用笔精细绵密、力量平稳匀速，气息连绵悠长，线条在柔软流动间而不失力道。画面人物形神兼备，线条循回往复，婉转优美，尽显飘然出尘欲仙、华贵雍雅之气，充分体现出中国画的线条之美（图 1.5-1）。

图 1.5-1 《女史箴图》（局部），晋，顾恺之

课中（实践）

1.5.2 静物结构素描写生实践（表 1.5–3）

任务 5 静物结构素描写生（二）任务书 表 1.5–3

序号	任务内容	完成时间（分钟）	要求	工具	评价标准（100 分）	
1	静物结构素描写生：五个形体组合的静物（图 1.5–2）	160	1. 构图合理，有一定的美感； 2. 形体透视与比例准确； 3. 结构表现准确，画面整统一、空间强； 4. 须在规定时间内完成	1.4 开画板； 2.4 开素描纸； 3.2B~6B 素描铅笔； 4. 绘画橡皮； 5. 素描削笔器或壁纸刀	构图	10 分
					比例	20 分
					结构	20 分
					透视	20 分
					空间	10 分
					完成情况	10 分
					学习态度	10 分

图 1.5–2 静物写生对象

课后（拓展）

1.5.3 静物结构素描临摹与知识测试（表 1.5–4）

课后拓展说明与要求　　表 1.5–4

序号	拓展内容	数量	完成时间（分钟）	要求	工具	评价标准（100 分）	
1	静物结构素描临摹（图 1.5–3）	1 幅	120	1. 构图准确； 2. 比例、透视、结构表现准确； 3. 整体虚实关系明确，有空间感，与原作效果接近	1.4 开画板； 2.4 开素描纸； 3. 2B~6B 素描铅笔； 4. 绘画橡皮； 5. 素描削笔器或壁纸刀	构图	10 分
						比例	20 分
						结构	20 分
						透视	20 分
						空间	10 分
						完成情况	5 分
						学习态度	10 分
2	任务 5 测试题	10 道	5	按时完成任务 5 的 10 道知识测试题，允许对照答案	手机或电脑	答题情况	5 分

图 1.5–3　静物结构素描

任务 5 测试题

1. 静物结构素描临摹

临摹该组静物结构素描作品（图 1.5–3）。

2. 任务 5 测试题

扫描二维码答题。

1.6　任务6　静物结构素描写生（三）

本次静物结构素描写生任务难度有所增加，主要是物体的透视关系与以往相比有所不同，需要认真观察，发现规律，严谨实践。课后拓展内容为建筑造型的分解与重组实践，它是以分解为基础，将分解出来的几何形体重新组合成建筑造型，并以结构素描的形式表现出来。这种实践方式能够让我们更进一步地掌握建筑造型规律，初步具备建筑形体表现的能力，为建筑素描表现奠定基础（表1.6–1、表1.6–2）。

学习目标与过程　　**表1.6–1**

学时	能力目标	知识目标	素质目标	学习过程
4	1. 具有构图组织能力； 2. 具有整体表现能力； 3. 具备静物结构素描写生能力； 4. 具有建筑造型分解与重组的表现能力	1. 掌握构图的知识与方法； 2. 掌握静物结构素描写生的方法与步骤； 3. 掌握建筑造型分解与重组的方法	培养精益求精的工匠精神	1. 课前 预习1.6.1中的知识与方法，观看相关视频 2. 课中 完成静物结构素描写生实践 3. 课后 完成建筑造型分解与重组实践与测试题

任务导读与要求　　**表1.6–2**

任务描述	任务分析	相关知识与方法	重难点	实施步骤与要求
任务6写生对象是由四个陶罐组成的静物。通过对该组静物的写生，进一步掌握静物透视规律与表现方法。学生要在要求的时间内完成课前、课中与课后的学习任务	1. 该组静物由造型简单的陶罐组成，但其中两个陶罐的摆放方向呈躺放倾斜的状态，刻画时要掌握其透视变化规律； 2. 写生过程中要注意作画步骤的整体性	1. 倾斜放置的陶罐透视方法； 2. 静物结构素描写生的步骤	1. 透视的方法； 2. 整体的观察与表现方法； 3. 静物结构素描写生的步骤	1. 课前 (1) 准备好素描工具与材料； (2) 预习1.6.1知识与方法； (3) 认真听取老师答疑 2. 课中 (1) 汇报预习情况与拓展作业； (2) 认真听取老师对重点问题的讲解； (3) 完成静物结构素描写生实践 3. 课后 (1) 完成测试题； (2) 完成建筑造型分解与重组实践

知识与方法

课前（预习）

1.6.1 知识与方法

1. 倾斜的陶罐观察方法

我们来做一个实验：首先，把陶罐放倒，然后任意变化其角度，观察陶罐在不同角度所呈现的外形特征；再转换我们观察的视角，观察其外形特征；最后将陶罐倾斜放置，然后转换视角进行观察。相信大家观察得到的结果都是一致的，即无论如何变换其摆放角度和改变观察视角，在视觉形象上，陶罐都是基本对称的，罐子底部的平面一直到罐子口部的平面都是与罐子的倾斜方向处在垂直状态，罐子基本的透视关系“近大远小”没有改变（图 1.6–1）。由此发现，我们在表现倾斜的陶罐透视时就有了明确的根据。

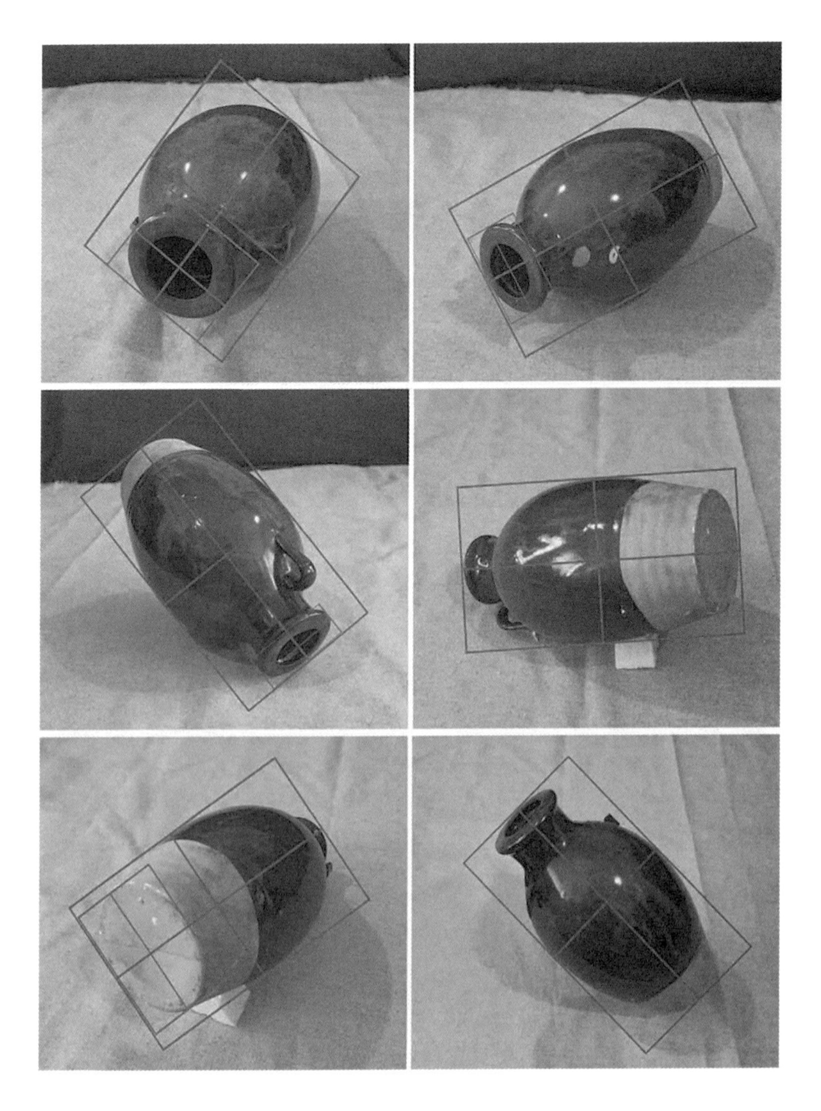

图 1.6–1 倾斜的陶罐透视

2. 倾斜的陶罐表现方法

（1）根据观察结果，我们在具体表现陶罐时，首先要建立一个方形作为辅助，方形的角度和比例要与陶罐摆放角度和比例一致，然后建立方形的两条相互垂直中线（图 1.6–2、图 1.6–3）。

（2）接下来在方形中以中线为对称轴，勾勒出罐子基本轮廓和主要结构的辅助线（图 1.6–4）。

（3）建立更多的辅助形，表现出所有结构（图 1.6–5）。

（4）深入刻画结构及空间，直至完成（图 1.6–6）。

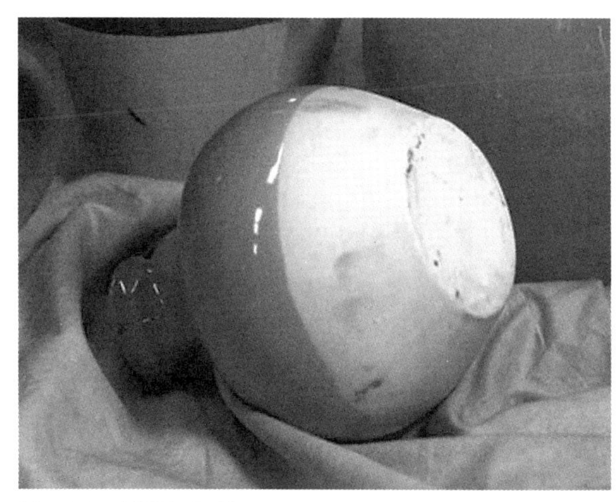

图 1.6–2 罐子表现对象

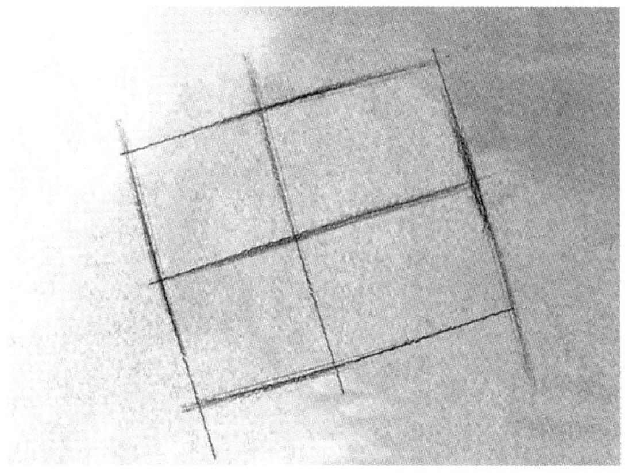

图 1.6–3 建立辅助形

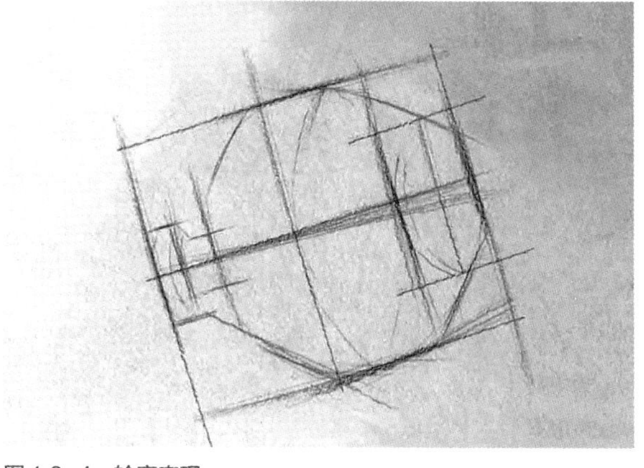

图 1.6–4 轮廓表现

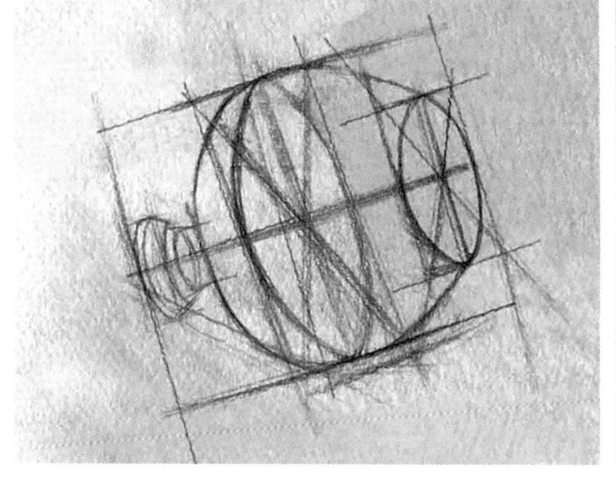

图 1.6–5 结构表现

图 1.6–6 深入完成

课中（实践）

1.6.2 静物结构素描写生实践（表 1.6–3）

任务 6 静物结构素描写生（三）任务书 表 1.6–3

序号	任务内容	完成时间（分钟）	要求	工具	评价标准（100 分）	
1	静物结构素描写生：四个形体组合的静物（图 1.6–7）	160	1. 构图合理，有一定的美感； 2. 形体透视与比例准确； 3. 结构表现准确，画面整统一、空间强； 4. 须在规定时间内完成	1. 4 开画板； 2. 4 开素描纸； 3. 2B~6B 素描铅笔； 4. 绘画橡皮； 5. 素描削笔器或壁纸刀	构图	10 分
					比例	20 分
					结构	20 分
					透视	20 分
					空间	10 分
					完成情况	10 分
					学习态度	10 分

图 1.6–7 静物写生对象

课后（拓展）

1.6.3　建筑造型分解与重组实践及知识测试（表 1.6–4）

课后拓展说明与要求　　**表 1.6–4**

序号	拓展内容	数量	完成时间（分钟）	要求	工具	评价标准（100 分）	
1	建筑造型分解与重组（图 1.6–8）	1 幅	120	1. 要按照指定格式在画纸上划分区域； 2. 分解和重组表现的形体比例、透视、结构要准确； 3. 重组作品整体虚实关系明确，有空间感	1.4 开画板； 2.4 开素描纸； 3.2B~6B 素描铅笔； 4. 绘画橡皮； 5. 素描削笔器或壁纸刀	构图	10 分
						比例	20 分
						结构	20 分
						透视	20 分
						空间	10 分
						完成情况	5 分
						学习态度	10 分
2	任务 6 测试题	10 道	5	按时完成任务 6 的 10 道知识测试题，允许对照答案	手机或电脑	答题情况	5 分

1. 建筑造型分解与重组的方法

（1）在“造型分解与重组素材”中选择一张建筑图片贴在一张 4 开素描纸的左上角处[图 1.6–8（*a*）]，并按照图 1.6–8 格式将画纸划分区域；

（2）分析图片中建筑结构由哪几种几何形体组成，并在指定区域内勾画出草图[图 1.6–8（*b*）]；

（3）将观察分析出来的几何形体以结构素描的形式表现于素描纸的指定位置[图 1.6–8（*c*）]；

（4）利用素描纸的下半部分将这些几何形体重新组合成图片中的建筑造型，以结构素描表现出来，表现过程中注意整体透视的统一性[图 1.6–8（*d*）]。

建筑造型分解与重组的方法

2. 任务 6 测试题

扫描二维码答题。

任务 6 测试题

（*a*）

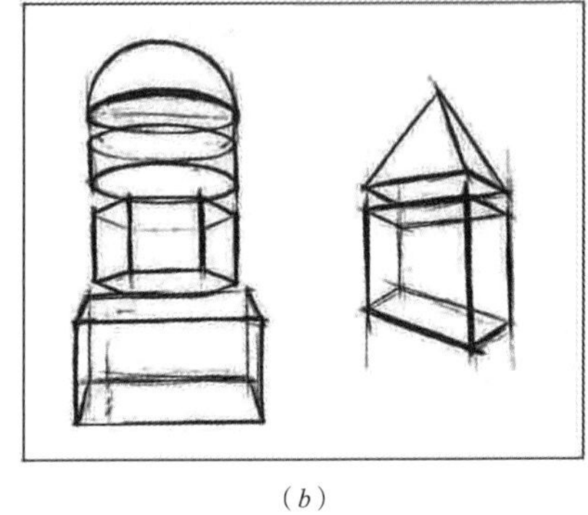

（*b*）

（*c*）

（*d*）

图 1.6-8　建筑造型分解与重组版式

（*a*）建筑图片；（*b*）结构分析；（*c*）分解表现；（*d*）重组表现

建筑造型分解与重组素材

结构素描临摹与赏析作品

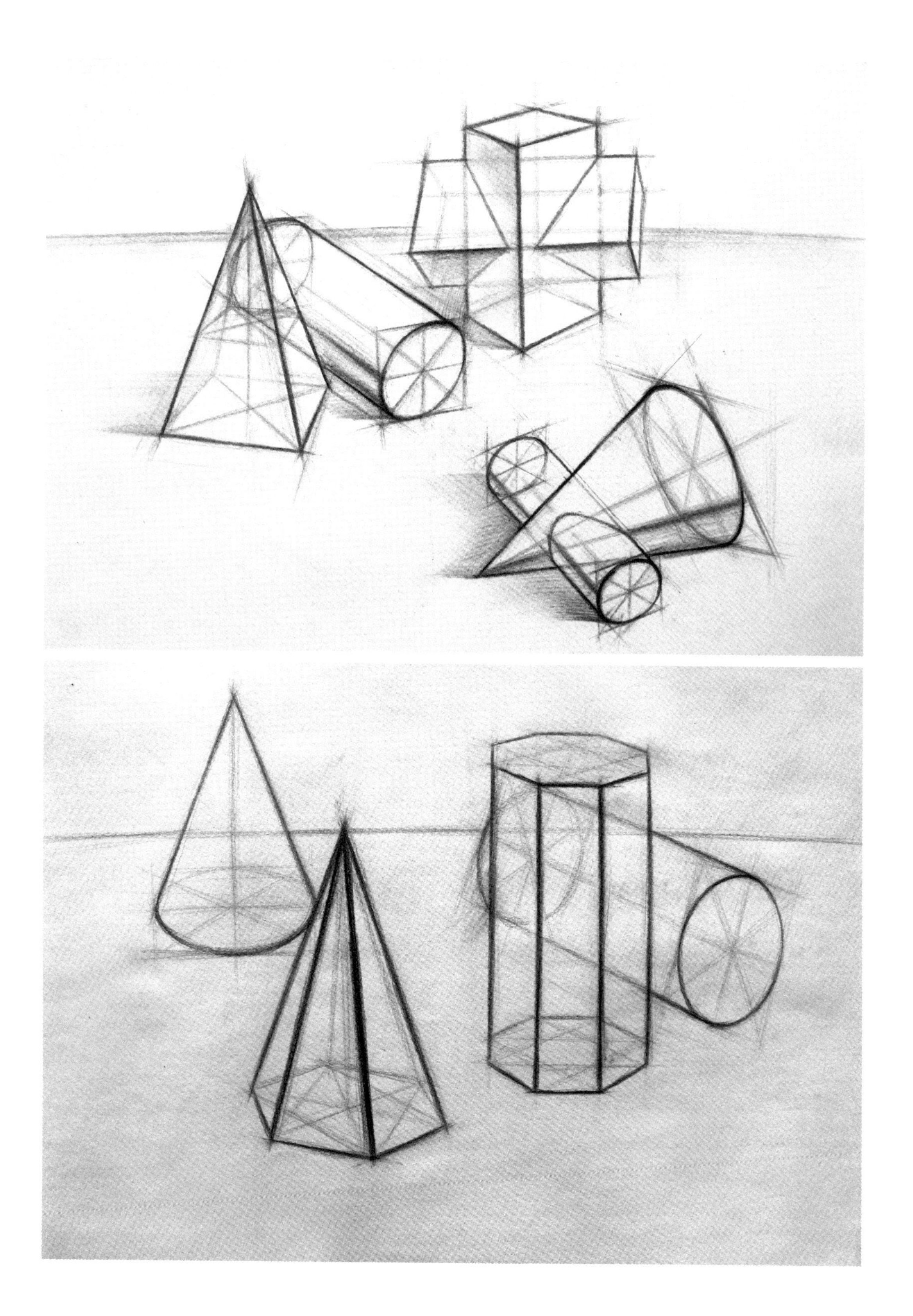

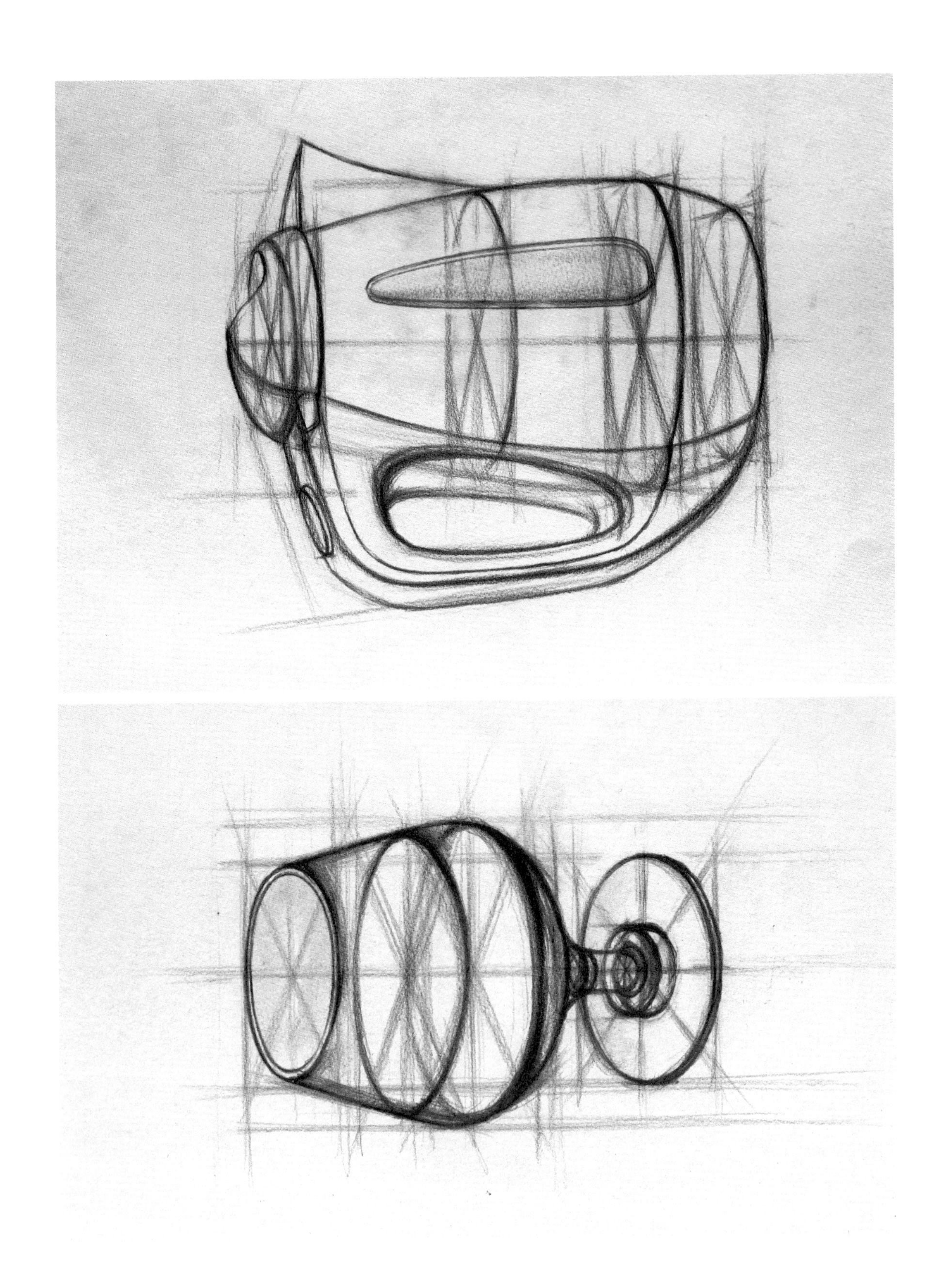

2

Mokuaier　Quanyinsu Sumiao Biaoxian（Xuanxiu）

模块二
全因素素描表现（选修）

全因素素描能力概述

全因素素描是在结构素描的基础上，将感官元素扩展，全方面表现物象的结构、明暗、体积、空间、光感、质感等因素的素描形式。通过全因素素描的训练，能够提高我们对形体明暗关系的认识，进一步提高造型能力，为色彩造型表现奠定基础。全因素素描的训练内容为几何形体全因素素描和静物全因素素描，通过课前、课中、课后三个环节的学习及若干任务实践，达到掌握明暗关系、空间和质感表现的方法和规律，具备以明暗光影手段表现形体结构和空间的造型能力（表 2–1）。

全因素素描表现学习内容与目标　　表 2–1

任务名称	课前（预习）	课中（实践）	课后（拓展）	课中学时	达成目标
任务 1　几何形体全因素素描写生	1. 明暗关系； 2. 调子的表现方法； 3. 几何形体全因素素描的整体关系； 4. 几何形体全因素素描写生的步骤	三个几何形体组合的全因素素描写生实践	1. 三个几何形体组合的全因素素描临摹； 2. 任务测试题	4	掌握全因素素描的表现方法，能够准确塑造物体的明暗关系和空间，具有全因素素描的造型能力
任务 2　静物全因素素描写生	1. 静物全因素素描的概念； 2. 单体静物全因素素描的表现方法； 3. 组合静物全因素素描的表现方法	四个形体组合的静物全因素素描写生的步骤	1. 静物全因素素描临摹； 2. 任务测试题	4	

2.1　任务1　几何形体全因素素描写生

几何形体全因素素描是用明暗表现手段来表现几何形体的素描形式，它强调对几何形体明暗关系、质感及空间等因素的表现，与结构素描相比，它表现的效果更细腻，更具真实感，能客观地表现出形体的真实存在状态。因此全因素素描在表现上更讲究“精益求精”（表2.1–1、表2.1–2）。“精益求精”不仅是绘画造型的一种能力和素质，也是一种工作精神，在实践中我们要不断的提高造型能力，培养精益求精的工作精神（图2.1–1）。

图2.1–1　几何形体全因素素描

学习目标与过程　　表2.1–1

学时	能力目标	知识目标	素质目标	学习过程
4	1. 具有构图组织能力； 2. 具有整体表现能力； 3. 具备几何形体全因素素描写生能力	掌握几何形体全因素素描写生的方法与步骤	1. 培养精益求精的工匠精神； 2. 热爱中华优秀传统文化	1. 课前 预习2.1.1中的知识与方法 2. 课中 完成几何形体全因素素描写生实践 3. 课后 完成几何形体全因素素描临摹作业与测试题

任务导读与要求　　表2.1–2

任务描述	任务分析	相关知识与方法	重难点	实施步骤与要求
任务1写生对象由球体、圆柱体和长方体组成。通过对该组几何形体的写生，基本掌握几何形体全因素素描的表现方法。学生要在要求的时间内完成课前、课中与课后的学习任务	1. 该组几何形体构图相对简单，容易把握； 2. 球体、圆柱体明暗层次丰富，表现时需多观察实体的明暗关系，要以正确的方法表现调子； 3. 该组形体写生要把握严谨的作画步骤，把握好整体性	1. 整体关系的控制； 2. 几何形体全因素素描的写生步骤	几何形体全因素素描写生的步骤	1. 课前 （1）准备好素描工具与材料； （2）预习2.1.1知识与方法； （3）认真听取老师答疑 2. 课中 （1）汇报预习情况与拓展作业； （2）认真听取老师对重点问题的讲解； （3）认真观看老师素描示范； （4）完成几何形体全因素素描写生表现 3. 课后 （1）完成测试题； （2）完成几何形体全因素素描临摹作业

明暗关系、调子的表现方法

课前（预习）

2.1.1 知识与方法

1. 明暗关系

（1）三大面

当光从某个方向照射到物体上时，物体就会产生由亮到暗的明暗层次。当光照射到方体表面时，我们把这些明暗层次归纳为亮面、灰面和暗面，在素描中通常叫作〝三大面〞。〝三大面〞中受光最强的面是亮面；没有光线通过、背光的面是暗面；另外一个面是灰面，它的明暗介于亮面与暗面之间。我们还把亮面分为高光和亮灰；把暗面分为暗灰、反光和投影（图 2.1–2）。在素描学习中，我们通常简单地称这种明暗色调为黑、白、灰。

（2）五大调子

当光从某个方向照射到球体上或曲面上时所产生明暗层次被统称为〝五大调子〞，即亮调子、中间调子、明暗交界线、暗调子、反光（图 2.1–3）。亮调子主要是指物体受光部明度较高的区域，这一区域分为高光和亮灰调；中间调子是指明暗交界线与亮调子之间的区域；暗调子是物体背光区域中的较暗调子层次，包括投影；明暗交界线则是亮面与暗面交界的区域，一般以线状或带状呈现；反光是物体暗部受到环境反射光影响呈现出的光亮，一般含在暗部，光亮较弱。〝五大调子〞是物体在一定光线下明暗变化的基本格局，其具体明暗的差比，要根据具体对象和具体光线去比较表现。

在素描中各个明暗层次所形成的对比关系及空间效果被称为明暗关系。绘画时要求明暗关系明确，明暗层次丰富。

图 2.1–2 三大面（左）
图 2.1–3 五大调子（右）

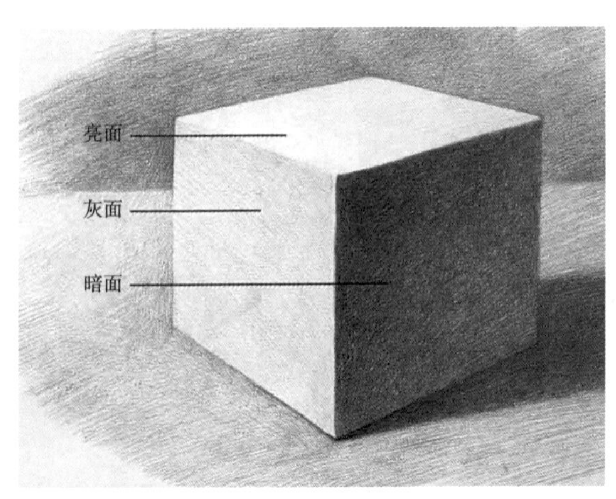

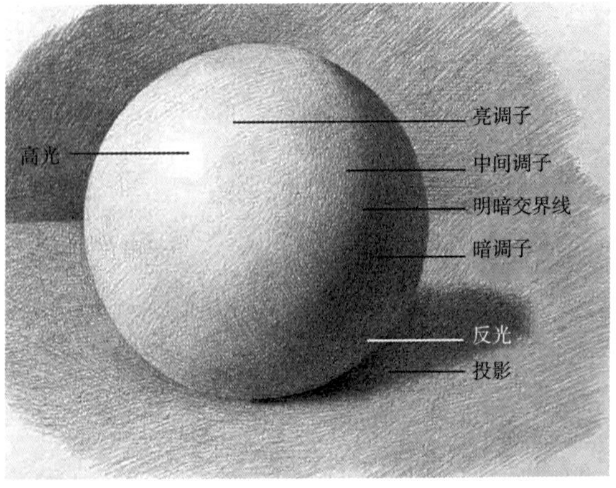

2. 调子的表现方法

素描中不同的明暗层次称为“调子”。调子一般是由线条有规律的重复罗列形成的，即“排调子”，每一层调子的方向要有变化，形成网格状（图 2.1–4），这样看起来明暗层次才会丰富而又浑厚，透气而不死板。在不同层“排调子”时，用笔如果都是同一方向的，就会产生不均匀的效果，是不可取的；如果两层邻近的调子方向相互垂直排列，所排成的网格是“井”字形，也会严重影响画面效果，作画时要避免；排线时用笔要稳而轻松，线条之间距离要均匀，线条疏密差距不能过大，否则会出现“乱”的效果，线条距离也不能过近，否则会出现“腻”的效果；用笔要轻起轻落，不能有“丁”字线出现（图 2.1–5）

图 2.1–4　调子表现方法

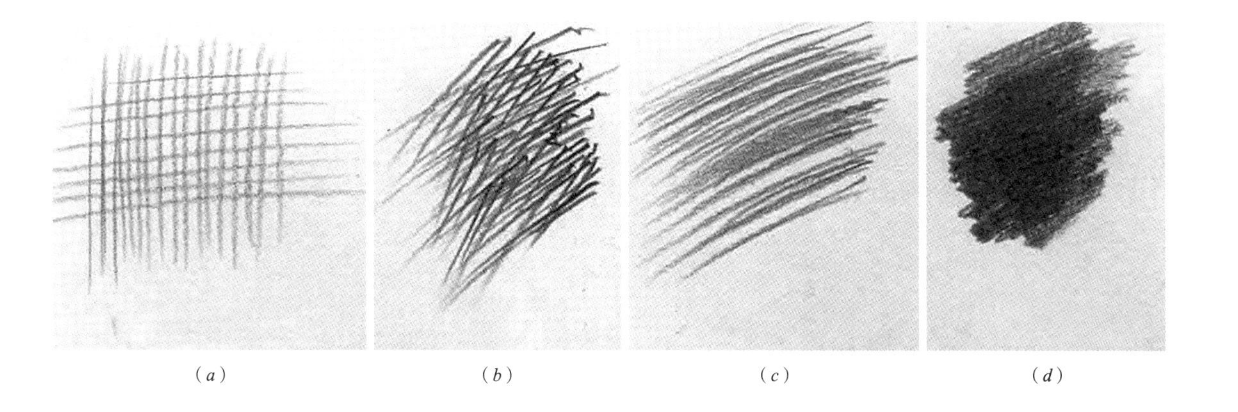

（*a*）　（*b*）　（*c*）　（*d*）

图 2.1–5　错误排线方法
（*a*）线条垂直交叉；
（*b*）丁字线；
（*c*）双层同向排列；
（*d*）线条排列过密

3. 几何形体全因素素描的整体关系

几何形体全因素素描写生对象中的每个物体是相对独立的，但组合在一起就形成了一个整体，就必须保持画面的整体性。表现过程中所有形体的刻画进度一致，形成统一的明暗关系叫作整体关系。与结构素描相比，全因素素描更关注明暗关系整体性。所以写生的每个步骤中，明暗关系都要保持相同的进度。从起稿、建立明暗关系到深入刻画，整体进度都需要保持一致。孤立地完成每个形体的刻画，画面就会出现凌乱、不统一、不和谐的现象。

几何形体全因素素描写生的步骤（上）

几何形体全因素素描写生的步骤（下）

4. 几何形体全因素素描写生的步骤

（1）起稿

用简练的线条画出物体的轮廓、明暗交界线及主要结构。这一阶段要注意以下几点：第一，要多观察形体特征，轮廓、结构和透视关系的表现要力求准确（图 2.1–6），同时线条要简练，不能画得太重；第二，要概括表现物体的主要结构，忽略小的细节，保持画面整体性；第三，要准确把握明暗交界线，根据物体转折的圆锐程度用不同粗细的线表现不同物体的明暗交界线（图 2.1–7）。

图 2.1–6　几何形体写生对象

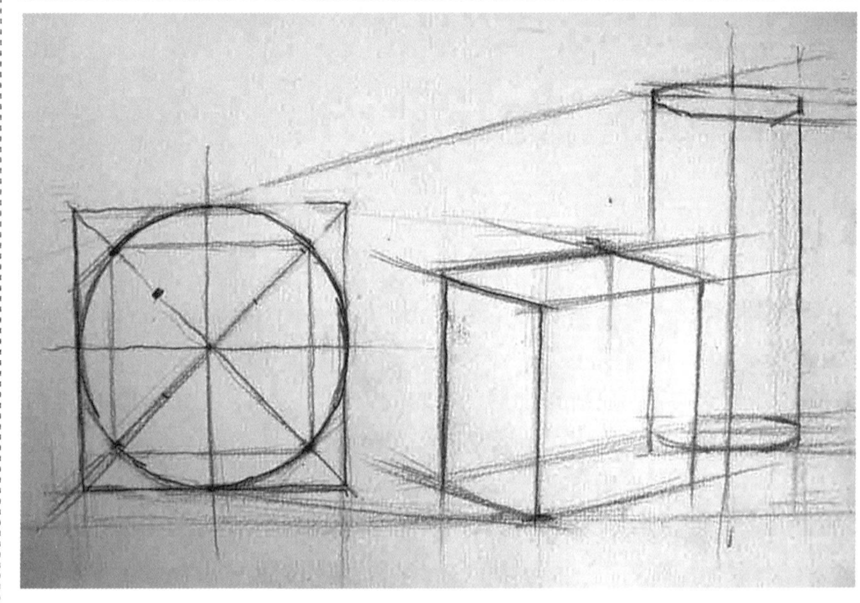

图 2.1–7　起稿

（2）建立整体明暗关系

全因素素描是以物体明暗关系为参照，用光影效果来表现物体空间的，因此，在把握住形体结构的基础上，明暗关系的表现成为一个关键因素。在这个阶段要注意以下几点：第一，要从明暗交界线入手，从暗部开始画，逐渐向亮部过渡，调子层次不要太多，明暗过渡不要太含蓄；第二，调子不要上得过重，排线不要过密，铅笔要选择“B”的数值大的，不宜过硬；第三，保持整体明暗对比，但不要对比太强，刻画浅颜色物体要控制用笔力度；第四，注意外形与明暗面之间概括的统一性，不要将轮廓圈得过“紧”（图 2.1–8）。

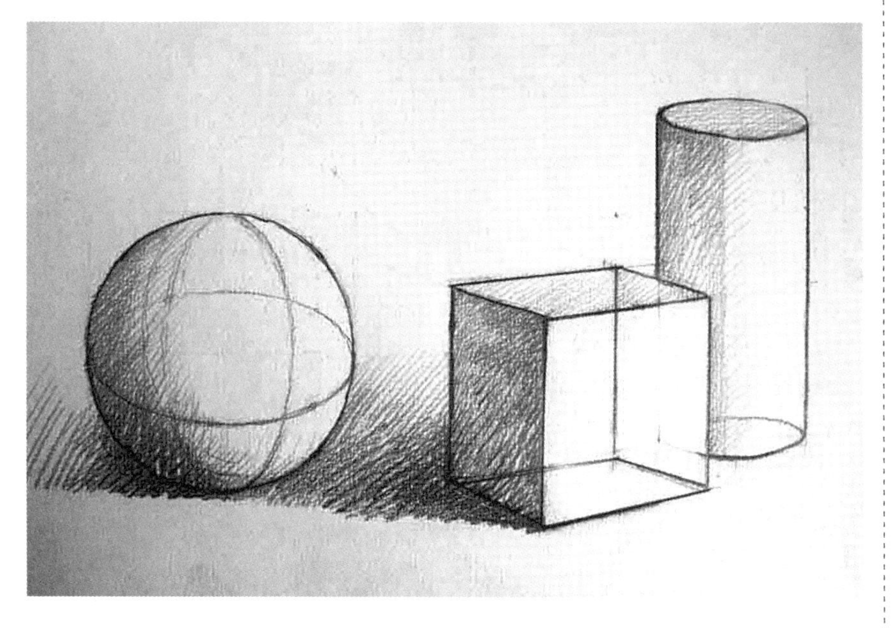

图 2.1–8　建立整体关系

（3）深入刻画

保持整体关系，丰富调子层次，加强明暗对比，细致刻画物体的结构细节、质感、空间等因素。这一阶段要注意几点：第一，始终把握住整体关系不变，以整体的观念布局画面；第二，注意控制调子的细腻程度，随着画面的深入，调子应该逐渐细腻，调子层次也应该不断地丰富；第三，将能看到的物体外部因素细致描绘，使物体真实感加强；第四，注意明暗交界线不要画得过硬或过于柔和（图 2.1–9）。

（4）调整

对画面的不理想因素进行适当调整，使其效果达到最佳程度。

图 2.1-9　深入刻画

审美与素养拓展

绘画表现与“如切如磋，如琢如磨”

“如切如磋，如琢如磨”出自《诗经·国风·卫风》，《论语》中引申为：君子的自我修养就像加工骨器，切了还要磋；就像加工玉器，琢了还得磨。宋朱熹集注：“言治骨角者，既切之而复磋之；治玉石者，既琢之而复磨之；治之已精，而益求其精也。”“精益求精”一词由此而出，形容力求完美，追求更高的品质。精益求精，从过程来看，需要“切之而复磋之”“琢之而复磨之”，就是要经过一个反复磨炼、实践的过程，方可获得理想的结果。这个道理与专注的做其他事情是一致的，比如绘画表现与加工玉器一样，不仅需要精心雕琢，还需要细细打磨，整个过程中充满了执着专注、精益求精、一丝不苟、追求卓越的精神，这种精神就是工匠精神。学习绘画就是磨砺技艺，经过不懈努力，以工匠精神要求自己，就能不断提升自身能力，取得理想成效。

课中（实践）

2.1.2　几何形体全因素素描写生实践（表 2.1–3）

任务 1　几何形体全因素素描写生任务书　　表 2.1–3

序号	任务内容	完成时间（分钟）	要求	工具	评价标准（100 分）	
1	几何形体全因素素描写生：三个形体组合（图 2.1–10）	160	1. 形体透视与比例准确，空间感强，整体关系和谐； 2. 明暗关系准确，调子层次丰富； 3. 须在规定时间内完成	1. 4 开画板； 2. 4 开素描纸； 3. 2B~6B 素描铅笔； 4. 绘画橡皮； 5. 素描削笔器或壁纸刀	构图	10 分
					调子表现	10 分
					形体比例	10 分
					明暗关系	20 分
					透视	10 分
					体积空间	20 分
					完成情况	10 分
					学习态度	10 分

图 2.1–10　几何形体写生对象

课后（拓展）

2.1.3 几何形体全因素素描临摹与知识测试（表 2.1–4）

课后拓展说明与要求 表 2.1–4

序号	拓展内容	数量	完成时间（分钟）	要求	工具	评价标准（100 分）	
1	几何形体全因素素描临摹（图 2.1–11）	1 幅	120	1. 形体透视与比例准确，空间感强，整体关系和谐；2. 明暗关系准确，调子层次丰富；3. 需在规定时间内完成	1. 4 开画板；2. 4 开素描纸；3. 2B~6B 素描铅笔；4. 绘画橡皮；5. 素描削笔器或壁纸刀	构图	10 分
						调子表现	10 分
						形体比例	10 分
						明暗关系	20 分
						透视	10 分
						体积空间	20 分
						完成情况	10 分
						学习态度	5 分
2	任务 1 测试题	10 道	5	按时完成任务 1 的 10 道知识测试题，允许对照答案	手机或电脑	答题情况	5 分

1. 几何形体全因素素描临摹

临摹该组几何形体全因素素描作品（图 2.1–11）。

图 2.1–11 几何形体全因素素描

2. 任务 1 测试题

扫描二维码答题。

任务 1 测试题

2.2　任务 2　静物全因素素描写生

静物全因素素描写生，在构图组织、明暗关系、形体刻画、整体关系控制等方面需要发挥以往所掌握的所有方法，并且需要掌握新的知识与方法才能完成该组任务。所以学习过程中要认真了解学习目标与过程（表 2.2−1）、任务导读与要求（表 2.2−2），确定学习的方向与目标，理解和掌握相关知识与方法，认真实践。

学习目标与过程　　**表 2.2−1**

学时	能力目标	知识目标	素质目标	学习过程
4	1. 具有整体关系控制能力； 2. 具有细节深入能力； 3. 具备静物全因素素描写生能力	1. 静物全因素素描的概念； 2. 单体静物全因素素描的表现方法； 3. 组合静物全因素素描的表现方法	培养精益求精的工匠精神	1. 课前 预习 2.2.1 中的知识与方法 2. 课中 完成静物全因素素描写生实践 3. 课后 完成静物全因素素描临摹作业与测试题

任务导读与要求　　**表 2.2−2**

任务描述	任务分析	相关知识与方法	重难点	实施步骤与要求
任务 2 写生对象是由陶罐、苹果、鸭梨和香蕉组成的静物。通过对该组静物的写生，掌握静物全因素素描的表现方法。学生要在规定的时间内完成课前、课中与课后的学习任务	1. 陶罐、苹果、鸭梨形体简单，明暗关系分明，比较容易塑造；香蕉明暗对比较弱，表现时注意微妙转折的刻画 2. 该组写生对象由不同颜色的物体组成，整体关系较难控制，随时注意画面的整体性	1. 整体关系控制的方法； 2. 静物全因素素描写生的步骤	1. 整体关系的控制； 2. 静物全因素素描的表现步骤	1. 课前 （1）准备好素描工具与材料； （2）预习 2.2.1 知识与方法； （3）认真听取老师答疑 2. 课中 （1）汇报预习情况与拓展作业； （2）认真听取老师对重点问题的讲解； （3）认真观看老师素描示范； （4）完成静物全因素素描写生表现 3. 课后 （1）完成测试题； （2）完成静物全因素素描临摹作业

静物全因素素描的概念、单体静物全因素素描的表现方法

课前（预习）

2.2.1 知识与方法

1. 静物全因素素描的概念

静物全因素素描是以明暗关系为主要手段来表现物体的形态、结构、质感和空间的素描形式。它与几何形体全因素素描的表现方式基本相同，只是表现对象的形态、颜色和质感不同。在形态上，静物结构转折多变，明暗交界线的形状不像几何形体那么简单，表现时整体关系相对难以控制；在颜色上，几乎多数静物都比几何形体颜色重，明暗关系需要更深层次的表现；在质感上，有的物体表面光滑润泽，反射力强，有的物体表面粗糙，充满肌理感，无论什么样的质感，体现的都是物体的客观实际状态，都需要进行表现。

2. 单体静物全因素素描的表现方法

（1）明暗交界线的确定

明暗交界线是表现一个形体的重要造型元素，决定着形体的明暗分布及走向。表现静物前需要认真观察明暗交界线的形状及变化规律。根据图 2.2-1 可以看出，随着视线角度的移动，形状规则的物体明暗交界

图 2.2-1 明暗交界线的变化

线的位置和形状会发生规律性变化，这种变化由形体结构、光线和视角共同作用而形成。

了解了明暗交界线的变化规律，在表现单个形体时首要的事情是确定好明暗交界线，有了明确的明暗交界线才能合理地布局明暗关系。

（2）明暗关系的观察

明暗关系是附着在物体结构上的不同层次的黑白光影，物体结构决定了整体明暗的分布，可以说，全因素素描就是结构与光影的结合。所以物体明暗关系要结合物体结构来观察和表现，让光影为结构服务，用光影表现结构。物体各部分的结构，由于角度不同，受光照的程度不一致，而呈现出不同的明暗。结构之间有整体明暗区分，每个结构自身又有明暗变化，这就构成了物体的明暗关系（图 2.2–2）。

（3）表现的主观性

写生是依据客观静物的外在效果进行表现，但并不是简单地复制静物的客观效果。在写生中要发挥一定的主观能动性，强化有利的客观元素，削弱不利的客观元素，在有些时候甚至可以适度改变光影面积比例和移动明暗交界线，让画面效果更具表现力。比如重色陶罐，由于质地光滑，对环境的反射力较强，可以清晰地反射出周围物体轮廓、体面及跳跃的色彩，而如实地表现出这样的效果就会破坏形体的空间和画面的整体性。这时，我们对这些被反射出来的光影就要进行适度的概括和削弱，才能使画面效果更为和谐（图 2.2–3）。不仅如此，有些客观元素也可以在画面中主观地夸张和放大，只要能够加强画面效果，增加表现力，所有的客观元素都可以进行一定程度的调整，但调整的分寸要控制好，否则不仅达不到目的，还会适得其反。

图 2.2–2　光影与结构（左）
图 2.2–3　客观与主观对比（右）

（4）质感表现

本次任务中的写生对象——釉面陶罐，它的表面光滑润泽，高光响亮，反射性高，对其刻画一方面要保证整体明暗关系的规律性，另一方面要对丰富的反光和高光处理到位，反光和高光正是体现其质感的主要元素，同时细腻的用笔和丰富的调子层次对于陶罐质感的表现也具有重要作用。

3. 组合静物全因素素描的表现方法

组合静物全因素素描的表现方法

（1）整体关系的观察

整体关系是指一组静物中物体颜色深浅及整体明暗层次的比较关系。在画面中体现在不同物体颜色深浅的对比及所有物体明暗层次的统一刻画进度。

物体颜色深浅的对比关系叫作黑白灰关系（图 2.2–4），黑白灰关系的介入，为观察与表现提出了新的要求，观察中首先要区分出静物中颜色最重、次重一直到最亮的物体，确定每个物体所处的深浅层次。这是一个整体观察和比较的过程，了解了黑白灰关系才能在表现中保持和谐的对比效果，使画面层次分明，图 2.2–4 中，物体及其所在环境的颜色由深到浅依次为陶罐、背景、台面、苹果、鸭梨和香蕉。其中，陶罐颜色最重，与其他物体反差很大；鸭梨和香蕉颜色最亮，与苹果颜色反差较小；背景和台面明度处在中间层次，与罐子和水果颜色对比比较鲜明，背景颜色可根据画面实际需要，机动调整。这就是该组静物的黑白灰关系，在表现的过程中要始终保持这个关系。

明暗关系是指表现过程中所有形体在明暗层次上所呈现出的一致性。与结构素描相比，全因素素描更关注明暗关系整体性。所以在写生的每个步骤中，要始终保持对所有物体明暗关系与形体刻画进度的同步。从起稿、建立整体关系到深入刻画，整体进度都需要保持一致。孤立地完成每个形体的刻画，画面就会出现不统一、不和谐的现象。

图2.2–4 黑白灰关系

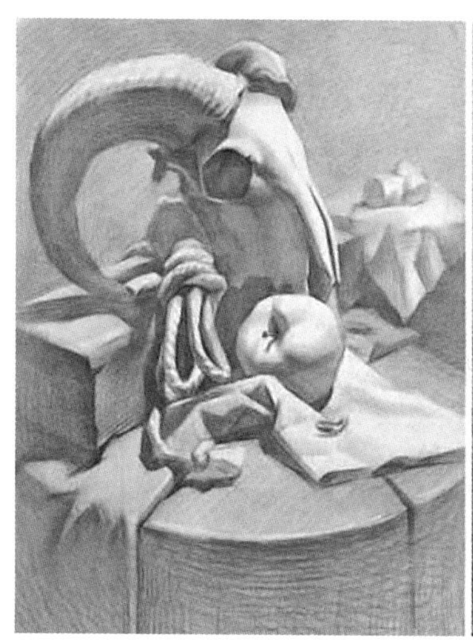
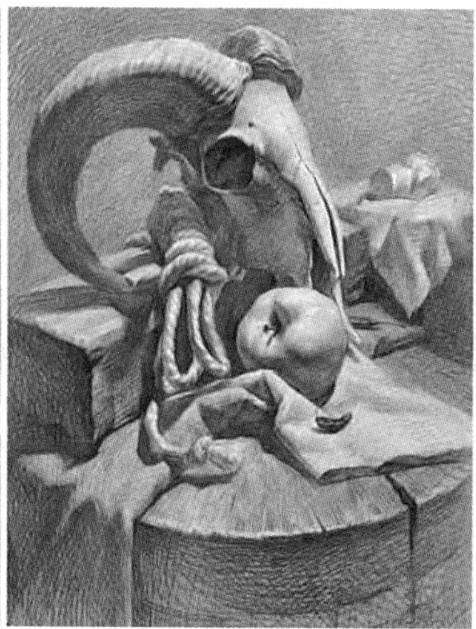
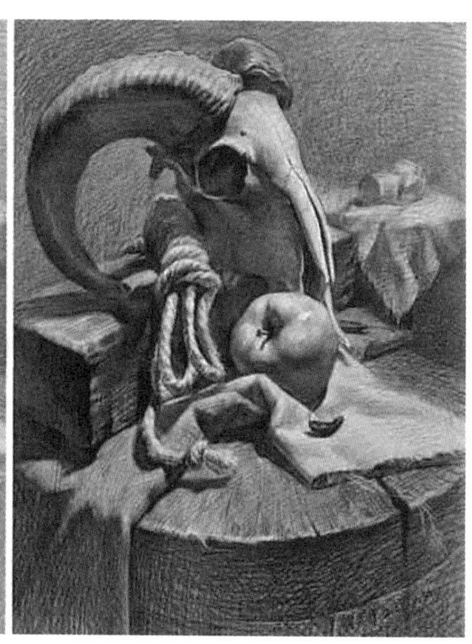

图 2.2-5　整体关系

（2）整体关系的表现

通过整体的观察与比较之后，我们在建立整体关系这一步骤中，首先要从颜色最重的物体开始表现，它作为画面的“黑”，是整体黑白灰对比的一个标准，以“黑”为参照，推出其他灰、白层次。在画面向前推进的过程中，“黑”明暗层次整体加重一次，其他物体的明暗层次也都随之加重，这样就能始终保持整体黑白灰关系和明暗关系的和谐（图 2.2-5）。这就要求在建立这个形体的明暗关系时，最重颜色的物体整体基调要重一些，为推出其他颜色的物体留出充分的对比空间。

（3）细节的表现

全因素素描要求表现一切可见的因素，除明暗、空间外，还要表现不同物体的质感、肌理等，这就需要加强对细节的观察与表现。深入刻画阶段，在保持整体关系、丰富明暗层次的基础上，要仔细观察物体的细节变化，尽量表现细节元素，让画面效果更加真实。

审美与素养拓展

细致刻画与精益求精

全因素素描在形体刻画上，要把物体的明暗效果、体积空间、光感质感等因素都如实的表现（图 2.2-6），这就要求我们具备一种细致描绘、精益求精的工作精神。在全因素素描深入刻画中，要把每一个细节都争取表现到极致，细节不是“细枝末节”，而是用心，是一种认真的态度和科学的精神。这正是工匠精神的具体体现，“工匠精神”是指工匠对产品的精雕细琢、精益求精的价值诉求理念，其背后蕴含的是对产品细节极致完美的追求，彰显的是一种永不满足、不断超越的职业文明和创新精神，而这种精神正是我们现在到未来需要坚持的精神。

图 2.2-6 写实素描作品，张大治

课中（实践）

2.2.2　静物全因素素描写生实践（表 2.2–3）

静物全因素素描写生的步骤（上）

静物全因素素描写生的步骤（下）

任务 2　静物全因素素描写生任务书　　　　表 2.2–3

序号	任务内容	完成时间（分钟）	要求	工具	评价标准（100 分）	
1	静物全因素素描写生：四个形体组合的静物（图 2.2–7）	160	1. 整体关系和谐； 2. 形体透视与比例准确； 3. 明暗关系准确，物体空间强，有质感； 4. 须在规定时间内完成	1. 4 开画板； 2. 4 开素描纸； 3. 2B~6B 素描铅笔； 4. 绘画橡皮； 5. 素描削笔器或壁纸刀	调子表现	20 分
					形体比例	10 分
					明暗关系	20 分
					透视	10 分
					体积空间	20 分
					完成情况	10 分
					学习态度	10 分

静物全因素素描写生的步骤如下：

（1）起稿

先确定构图（图 2.2–7），然后用简练的线条画出物体的轮廓、明暗交界线及主要结构（图 2.2–8）。

（2）建立整体关系

为画面建立黑白灰关系和明暗关系，先从颜色最重的物体着手，依次建立其他物体及环境的明暗关系（图 2.2–9）。

（3）深入刻画

保持整体关系，加强明暗对比，细致刻画物体的细节、质感等因素。

图 2.2–7　静物写生对象（左）
图 2.2–8　起稿（右）

（4）完成

对画面局部进行适当调整，使其效果达到最佳（图 2.2–10）。

图 2.2–9　建立整体关系

图 2.2–10　完成

课后（拓展）

2.2.3　静物全因素素描临摹与知识测试（表 2.2–4）

课后拓展说明与要求　　表 2.2–4

序号	拓展内容	数量	完成时间（分钟）	要求	工具	评价标准（100 分）	
1	静物全因素素描临摹（图 2.2–11）	1 幅	120	1. 整体关系和谐； 2. 形体透视与比例准确； 3. 明暗关系准确，物体空间强，有质感； 4. 须在规定时间内完成	1.4 开画板； 2.4 开素描纸； 3.2B~6B 素描铅笔； 4. 绘画橡皮； 5. 素描削笔器或壁纸刀	调子表现	20 分
						形体比例	10 分
						明暗关系	20 分
						透视	10 分
						体积空间	20 分
						完成情况	5 分
						学习态度	10 分
2	任务 2 测试题	10 道	5	按时完成任务 2 的 10 道知识测试题，允许对照答案	手机或电脑	答题情况	5 分

1. 静物全因素素描临摹

临摹该组静物全因素素描作品（图 2.2–11）。

图 2.2–11　静物全因素素描

2. 任务 2 测试题

扫描二维码答题。

任务 2 测试题

全因素素描临摹与赏析作品

3

Mokuaisan　Jianzhu Jingguan Sumiao Biaoxian

模块三
建筑景观素描表现

建筑景观素描能力概述

建筑景观素描表现是建筑设计专业较实用的造型训练项目，它是将之前两个模块所积累方法和能力加以运用和升华的训练环节。通过建筑景观素描的训练，不仅能够进一步提高我们的基本造型能力，更能够提升我们的专业造型表现能力，为建筑效果图表现、建筑手绘表现奠定坚实基础（表 3–1）。

建筑景观素描表现学习内容与目标 **表 3–1**

任务名称	课前（预习）	课中（实践）	课后（拓展）	课中学时	达成目标
任务 1　建筑景观素描写生（一）	1. 建筑景观素描的概念； 2. 建筑景观的构图； 3. 建筑透视； 4. 树木的表现方法； 5. 建筑景观素描的表现方法 6. 建筑景观素描的表现步骤	建筑景观素描写生实践	1. 建筑景观素描临摹； 2. 任务测试题	4	1. 掌握建筑景观素描的表现方法； 2. 具有建筑景观造型能力
任务 2　建筑景观素描写生（二）	回顾 3.1.1 知识与方法	建筑景观素描写生实践	1. 建筑景观素描临摹； 2. 任务测试题	4	

3.1 任务1 建筑景观素描写生（一）

建筑景观素描是将建筑及周围场景共同表现于画面中的素描，整体关系相对复杂，表现时要兼顾画面所有形体的明暗关系、黑白灰关系和透视关系，要时刻遵循整体观察和整体表现的原则，掌握对复杂画面的控制方法（表3.1–1、表3.1–2）。

学习目标与过程 **表3.1–1**

学时	能力目标	知识目标	素质目标	学习过程
4	具有建筑景观素描的表现能力	1. 掌握建筑景观素描构图的方法； 2. 掌握建筑景观素描写生的方法	1. 提高审美与艺术鉴赏能力； 2. 传承革命精神，树立家国情怀	1. 课前 预习3.1.1中的知识与方法 2. 课中 完成建筑景观素描写生实践 3. 课后 完成建筑景观素描临摹作业与测试题

任务导读与要求 **表3.1–2**

任务描述	任务分析	相关知识与方法	重难点	实施步骤与要求
任务1表现对象是由建筑及建筑周围配景组成的建筑景观，通过该任务实践掌握建筑景观素描写生的方法。学生要在要求的时间内完成课前、课中与课后的学习任务	1. 建筑景观由建筑、树木、天空、人物、汽车等多种形体组成，涉及画面构图、主体刻画、配景刻画等多方面元素的表现； 2. 写生中要把握好整体关系的和谐、透视的统一、主次关系的处理	1. 建筑景观的构图； 2. 建筑景观素描写生的方法	1. 建筑景观的构图； 2. 建筑景观素描写生的方法	1. 课前 (1) 准备工具与材料； (2) 预习3.1.1知识与方法 2. 课中 (1) 汇报预习情况； (2) 认真听取老师对重点问题的讲解； (3) 认真观看老师建筑景观素描作画示范； (4) 完成建筑景观素描表现 3. 课后 完成测试题与建筑景观素描临摹作业

建筑景观素描的概念、建筑景观的构图、建筑透视

课前（预习）

3.1.1 知识与方法

1. 建筑景观素描的概念

建筑景观素描是以建筑为主要表现对象，将建筑周围配景共同表现于画面之中的素描。建筑景观素描不同于风景素描，它的表现对象要以建筑为主，要尽可能的表现出建筑的完整面貌，因为建筑设计专业效果图表现、手绘表现的最终目的是表达建筑的效果，而配景仅起衬托主体建筑和烘托气氛的作用。因此建筑景观素描训练需要与未来的专业效果图表现和手绘表现统一起来。

2. 建筑景观的构图

建筑景观写生的构图与静物写生构图原理基本相同，都是把写生对象中有利于画面的元素调动起来，让画面更具有表现力，而不是简单地在画面中复制自然景物的原始布局。画面的建筑主体处在什么位置，周围配景如何更好地衬托主体服务、渲染气氛，这些因素都直接影响着画面效果。

（1）取景

取景就是选取现实景物中要表现到画面中的那部分。简单来说，取景就是涉取景物中一个指定的描绘范围（图 3.1−1）。建筑景观写生中的建筑必须是画面主体，这是由建筑景观写生的意义决定的，所以在取景上要把握好建筑在画面中的尺度。如果取景范围中只有一个建筑，要尽量将这个建筑完整的形象呈现在画面中，建筑在画面中占据的空间要适中，建筑上下、左右要留有一定的空间安排配景，做到视觉匀称、舒适。如果表现的是建筑街景，则街道两侧建筑占有画面空间不能相等，要将街道的某一侧建筑设为主要表现对象，其占据画面空间要更大一些。选取建筑的方向与角度要符合正常的观看视角和观看习惯，不逆光取景。配景中树木数量

图 3.1−1　取景范围（左）
图 3.1−2　建筑重要结构被遮挡（右）

图 3.1-3　黄金分割（左）
图 3.1-4　配景布局（右）

不要太多，占据画面空间的面积不要太大，树木可以合理遮挡建筑，遮挡面积不能太大，不能遮挡建筑的重要位置和结构。图 3.1-2 的构图中建筑前面的树木大幅度地挡住了建筑的重要结构和造型，这就使建筑形体不能充分地展示，因此具体构建画面时需要对现实景物进行合理的取舍。

（2）景物定位

景物定位就是将景物合理有序地安排在画面中，使主次得当，让画面自然生动。通常要将主体建筑放在画面比较醒目的位置，一般要放在画面中央，主要体面或结构要放在画面黄金分割点或黄金分割线上，这样可以使主体更突出（图 3.1-3）。建筑配景排列要以衬托主体、烘托气氛为主要原则，要有秩序、有呼应，避免分散凌乱。配景可分为远、中、近三个层次，在画面空间上，远景一般居于建筑后面，中景在建筑附近，近景一般居于建筑的前面，配景排列要整体有序，避免琐碎、避免大面积遮挡主体。近景多为广场、草地、街道等平坦、宽阔的地面空间，也有高大的形体，比如树木，要控制其数量，不居中放置，树冠局部可以延伸向画面之外，可以遮挡大面积的天空和小面积的建筑（图 3.1-4）。

（3）构图的基本原则

1）均衡与稳定

建筑景观构图需要均衡与稳定感，其原理与静物构图的原理是一致的，都是在形体分布上追求量感的均匀，以达到视觉上的平衡与稳定。建筑景观的构图中决定画面平衡的因素是画面中的主体物位置和面积，还有画面重色块分布。一般情况下，建筑主体是画面面积最大的体块，是画面重心所在，会形成一种自然的平衡关系，但如果画面某一侧重色块比较集中，而建筑颜色比较浅，这种情况会打破平衡关系，所以，重色块分布要有左右呼应，相互牵制、对抗，达到平衡（图 3.1-5）。此外线条在画面

图 3.1-5　实景点线面分析

中也是影响平衡的重要因素，尤其是比较长的直线条具有较强的作用力，垂直的线条与斜线条都具有较强的拉伸力影响画面平衡。

2）对比和节奏

画面构图中，形体排列要有一定的节奏感，没有节奏感的画面是呆板的、没有生机的。节奏原本是指乐曲中交替出现的有规律性的强弱、长短音符。节奏运用到构图中，则指点、线、面有规律的反复、交替的出现，使画面产生统一的秩序，形成运动感。构图中的点是指独立存在的、面积很小的平面图形，有时候它与面的划定界限并不清晰；线是指以线条的特征存在的形态元素；面是指具有一定面积、封闭的平面图形。建筑景观画面中的所有形体，抛开立体元素都可以归纳为点、线、面。图 3.1-5 是实景和实景的点线面分布图，对照两个画面可以看到，左侧的重色块，如果没有右侧其他重色块的呼应，画面将是失衡的、没有节奏感的。右侧重色块的大小、形状变化与疏密排列，使左侧的重色不再孤立，而是有了对比和呼应，画面就产生了节奏感，尤其是以点的形式存在的小色块，为画面增添了生机。画面中面积大的亮色块，与地面的条状、点状的小亮色块形成了更为活跃的节奏关系。这些元素通过大小、疏密等对比，在排列中有变化、有呼应，如此就形成了运动感，再与其他黑白层次交替出现，就使画面节奏鲜明起来。

节奏感不是现实景观中自带的，而是要靠我们在原始景观的基础上进行设计和调整，所以节奏感具有很强的人为因素，在建筑景观构图中，我们更多的是在原景的基础上去调整配景的位置，构图的法则更适合我们去调整和纠正原景中的不足。

3. 建筑透视

建筑透视与几何形体、静物的透视原理基本相同，几何形体写生中我们观察对象的视线处于俯视状态，而建筑形体比几何体、静物等庞大，我们站在地面上的观察视线既有俯视又有仰视。视野里，低于视平线的那部分建筑处于俯视状态，高于视平线的部分属于仰视状态，其基本透视规

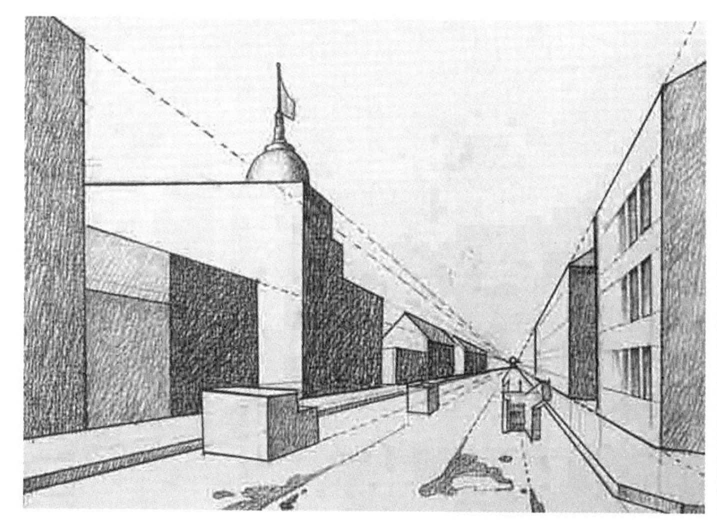

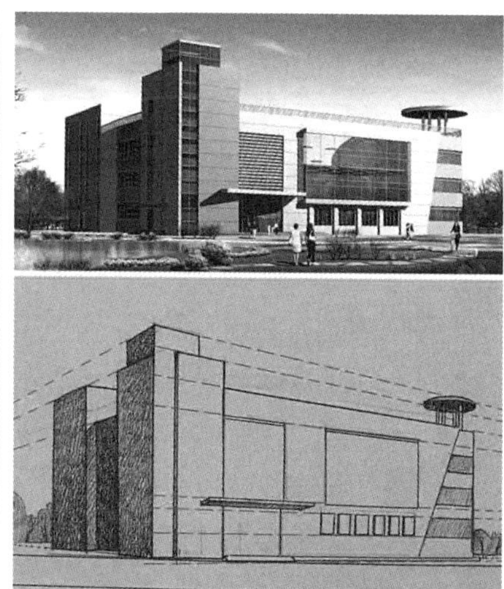

图 3.1–6　透视线的变化规律（左）
图 3.1–7　透视线的表现（右）

律不变，即“近大远小”。高于视平线的建筑透视线，也就是仰视状态下的透视线还有“近高远低”的变化规律（图 3.1–6）。建筑因为比几何体、静物等庞大，所以透视关系更难于表现，这就要求我们建立建筑形体时，要严谨的遵循透视规律，先定好视平线，区分平行透视还是成角透视，尽量将每根透视线延长，即使是建筑结构上很短的一根或一组透视线也要把它延伸向消失点的方向，这样才能准确掌控透视关系（图 3.1–7）。

4. 树木的表现方法

自然生长的树木造型结构看上去比较复杂，密集的树叶包裹着枝干形成树冠，整体外轮廓呈现出不规则曲线变化，明暗关系不像几何形体和静物那样直观，表现难度较大，所以我们要进行认真的观察和分析。在观察中我们仍然要运用“整体的观察与比较”的方法，从整体出发，忽略细节，观察整体特征与规律性元素。通过观察可以发现照片图 3.1–8 中树的外形近似一个球体，其整体明暗关系符合球体的明暗变化规律；组成树冠的多个团状结构同样近似球体；树的枝干呈细长的圆柱体。由此我们得知：树的基本造型元素为球体和圆柱体。

树木的表现方法、建筑景观素描的表现方法

根据球体的造型特征，我们通过用简练的线条概括出树的外形及其结构（图 3.1–9）；然后表现出整体的明暗交界线和局部的明暗交界线，从树的暗部着手表现明暗关系（图 3.1–10）；接下来将树的外轮廓线、明暗交界线及结构形状由概括状态向具体化表现，进一步加强明暗关系（图 3.1–11）；最后，用不规则的锯齿形线条或齿轮形线条，进一步将外轮廓、明暗交界线及结构形状具体化和形象化，用“0”形和“8”形的用笔上调子，表现出树叶的形状和肌理效果，同时加强明暗关系（图 3.1–12）。

图 3.1-8　树木结构分析

图 3.1-9　外形与结构表现

图 3.1-10　明暗关系表现

图 3.1-11　深入刻画（左）
图 3.1-12　完成（右）

5. 建筑景观素描的表现方法

建筑景观素描的表现方法与静物全因素素描的表现方法基本相同，但建筑景观要表现的空间深度更大，要发挥主观能动性，加强对建筑主体的刻画。

在建立整体关系阶段，仍然要坚持"整体的观察与比较"和"整体的表现"这两个原则，为画面建立和谐的黑白灰关系和明暗关系。

在深入刻画阶段，既要保持好整体关系，又要调动景物中有利因素。重点强化主体，将主体建筑深入到极致；通过增强虚实对比，将远景、中景、近景拉开，加强空间层次的表现，增强画面空间深度；整体削弱配景的表现力度，尤其是造型丰富的配景，在刻画上要保持一定程度概括，不宜深度刻画，在明暗关系上也要适度削弱对比强度，这样才能更好地衬托出主体的造型（图 3.1-13）。

建筑景观素描的表现步骤（上）

建筑景观素描的表现步骤（下）

6. 建筑景观素描的表现步骤

（1）起稿

1）确定构图，用简练的线条确定建筑基本比例关系（图 3.1-14）。

2）用线条概括地表现出建筑基本结构（图 3.1-15）。

（2）建立整体关系

为建筑形体建立明暗关系（图 3.1-16）。

（3）深入刻画

强化明暗关系，加强细节表现。

（4）完成

对局部进行适当调整后结束刻画（图 3.1-17）。

图 3.1-13　建筑景观素描

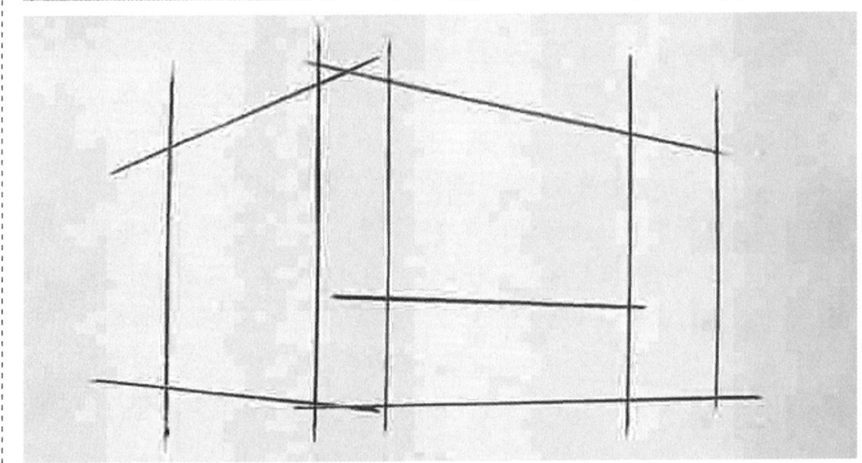

图 3.1-14　确定构图比例

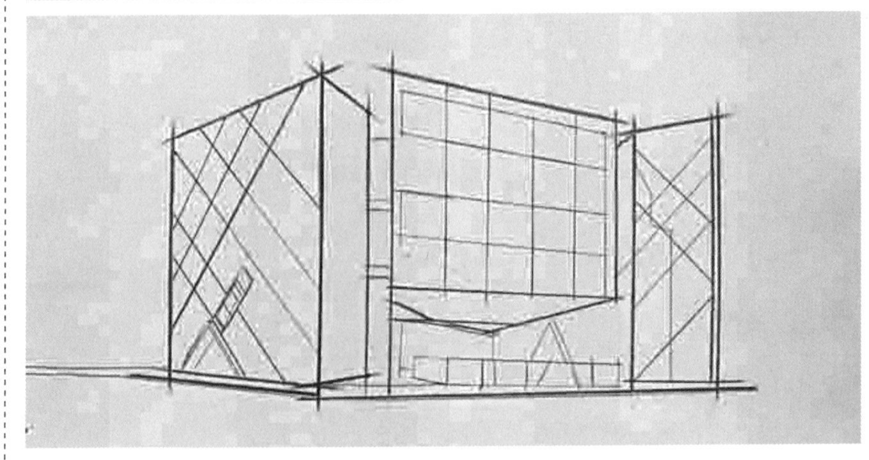

图 3.1-15　结构表现

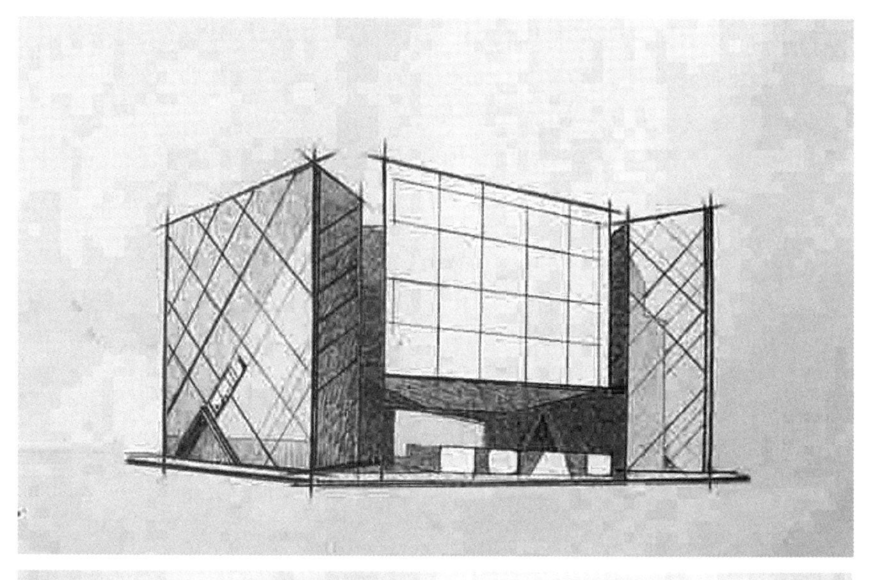

图 3.1-16　建立整体关系

图 3.1-17　完成

审美与素养拓展

构图形式与主题思想

在艺术创作中，构图作为一种形式要素，不仅是为了表现画面美感，它更注重画面思想内涵与精神实质表达。构图的方式很多，没有好与不好的区别，关键在于它在形式上是否能够与主题高度的契合，是否能够让画面内容更深入人心，是否能够让观者直观地感受到作品传达出的思想与精神。东晋时期顾恺之提出“若以临见妙裁，寻其置陈布势，是达画之变也”，意思是如果能显现作画时的巧妙构思，寻出作画时的布局，那就明白了作画的变法。由此可见构图的重要意义（图 3.1–18）。

图 3.1–18 油画,《狼牙山五壮士》, 詹建俊

图 3.1–18 是著名画家詹建俊先生经典油画作品，画面主体造型采用了丰碑式的人物造型和金字塔式（三角形）构图。垂直式的丰碑形式给人以巍峨、高大、壮烈之感，很好地突出了英雄慷慨就义的形象；金字塔式的构图，给人以坚定不动、坚如磐石、不屈不挠的感受。整体上把顶天立地的五位壮士形象和太行山峰融为一体，形成一种威严、肃穆、悲壮的气氛，表达出气壮山河、视死如归、大义凛然的英雄气概。这幅油画的构图形式完美的与画面内容契合，直观地表达了作品蕴含的内在精神，让我们看到了狼牙山五壮士用自己的生命和鲜血谱写了壮丽的英雄乐章，他们的伟岸形象像丰碑一样刻在我们的心中。

课中（实践）

3.1.2　建筑景观素描写生实践（表 3.1–3）

任务 1　建筑景观素描写生（一）任务书　　　　**表 3.1–3**

序号	任务内容	完成时间（分钟）	要求	工具	评价标准（100 分）	
1	建筑景观素描写生（一）（图 3.1–19）	140	1. 自行组织构图； 2. 形体透视与比例准确； 3. 明暗关系准确，建筑细节表现充分，空间关系强烈； 4. 须在规定时间内完成	1. 4 开画板； 2. 4 开素描纸； 3. 2B~6B 素描铅笔； 4. 绘画橡皮； 5. 素描削笔器或壁纸刀	形体比例	20 分
					明暗关系	20 分
					透视	20 分
					体积空间	10 分
					细节刻画	10 分
					完成情况	10 分
					学习态度	10 分

图 3.1–19　建筑景观写生对象

课后（拓展）

3.1.3　建筑景观素描临摹与知识测试（表 3.1–4）

课后拓展说明与要求　　　　表 3.1–4

<table>
<tr><th>序号</th><th>拓展内容</th><th>完成时间（分钟）</th><th>要求</th><th>工具</th><th colspan="2">评价标准（100 分）</th></tr>
<tr><td rowspan="7">1</td><td rowspan="7">建筑景观素描临摹（图 3.1–20）</td><td rowspan="7">100</td><td rowspan="7">1. 形体透视与比例准确；
2. 明暗关系准确，细节表现充分，空间感强；
3. 在规定时间内完成</td><td rowspan="7">1.4 开画板；
2.4 开素描纸；
3.2B~6B 素描铅笔；
4. 绘画橡皮；
5. 素描削笔器或壁纸刀</td><td>形体比例</td><td>20 分</td></tr>
<tr><td>明暗关系</td><td>20 分</td></tr>
<tr><td>透视</td><td>20 分</td></tr>
<tr><td>体积空间</td><td>10 分</td></tr>
<tr><td>细节刻画</td><td>10 分</td></tr>
<tr><td>完成情况</td><td>10 分</td></tr>
<tr><td>学习态度</td><td>5 分</td></tr>
<tr><td>2</td><td>任务 1 测试题</td><td>5</td><td>按时完成任务 1 的 10 道知识测试题，允许对照答案</td><td>手机或电脑</td><td>答题情况</td><td>5 分</td></tr>
</table>

1. 建筑景观素描临摹（图 3.1–20）

图 3.1–20　建筑景观素描

2. 任务 1 测试题

扫描二维码答题。

任务 1 测试题

3.2　任务2　建筑景观素描写生（二）

建筑景观多种多样，与现代建筑相比中国古建筑形体别具特色，中国古建筑的造型富有东方特有的美学特征，同时充满了文化性元素。本任务实践内容为中国古建筑景观写生，实践中，在保证整体关系的前提下要加强对古建筑形体的细节刻画，同时要了解一定中国古建筑的文化特色（表3.2-1、表3.2-2）。

学习目标与过程　　**表3.2-1**

学时	能力目标	知识目标	素质目标	学习过程
4	具有建筑景观素描的表现能力	1. 掌握建筑景观素描构图的方法； 2. 掌握建筑景观素描写生的方法	树立文化自信，热爱中华优秀传统文化	1. 课前 预习3.2.1中的知识与方法 2. 课中 完成建筑景观素描写生实践 3. 课后 完成建筑景观素描临摹作业与测试题

任务导读与要求　　**表3.2-2**

任务描述	任务分析	相关知识与方法	重难点	实施步骤与要求
任务2表现对象为中国古建筑景观，通过该任务实践掌握建筑景观素描写生的方法。学生要在要求的时间内完成课前、课中与课后的学习任务	1. 中国古建筑景观由古建筑、树木、天空等多种形体组成，涉及画面构图、主体刻画、配景刻画等多方面元素的表现； 2. 写生中要把握好整体关系的和谐、透视的统一、主次关系的处理，重点刻画古建筑的结构细节	1. 建筑景观的构图； 2. 建筑景观素描写生的方法； 3. 古建筑的造型及结构特点	1. 建筑景观的构图； 2. 建筑景观素描写生的步骤	1. 课前 （1）准备工具与材料； （2）预习3.2.1知识与方法 2. 课中 （1）汇报预习情况； （2）认真听取老师对重点问题的讲解； （3）认真观看老师建筑景观素描作画示范； （4）完成建筑景观素描写生表现 3. 课后 完成测试题与建筑景观素描临摹作业

课前（预习）

3.2.1 知识与方法

回顾 3.1.1 知识与方法。

审美与素养拓展

古建筑的造型之美

建筑具有造型艺术的美学特征，中国古建筑在造型上独具美学特色，加之高超精湛的技艺、独特的风格以及浓厚的人文情怀，在世界建筑史上独树一帜，是为我国灿烂传统文化的重要组成部分。

中国古代建筑从造型到结构无一不体现出特有的东方意蕴。屋顶、飞檐、斗拱、墙体加之门窗，处处都充满了独特的造型之美。我国古代的匠师很早就具有了工匠精神，它们将屋顶的艺术效果发挥到极致，创造了屋顶举折和屋面起翘、出翘，使屋顶形成柔和优美的曲线，成为中国古代建筑重要的特征之一。飞檐是我国古建筑特有的结构，其檐角上翘，形如飞鸟展翅，轻盈活泼，让沉稳、安静的建筑产生灵动之美；斗拱是中国木构架建筑结构的关键性部件，除了它的物理功能外，其丰富几何律动之美，增加了建筑的装饰效果，它是中国古建筑的又一显著特征；在中国古建筑中，门的造型、形式及其装饰，从整体到细节，处处都体现着富有文化色彩的造型之美（图 3.2-1、图 3.2-2）。这样的美，让全世界都为之惊艳！

图 3.2-1 飞檐与屋脊之美（左）
图 3.2-2 斗拱与屋顶之美（右）

课中（实践）

3.2.2　建筑景观素描写生实践（表 3.2–3）

任务 2　建筑景观素描写生（二）任务书　　表 3.2–3

序号	任务内容	完成时间（分钟）	要求	工具	评价标准（100 分）	
1	建筑景观素描写生（二）（图 3.2–3）	140	1. 自行组织构图； 2. 形体透视与比例准确； 3. 明暗关系准确，建筑细节表现充分，空间关系强烈； 4. 在规定时间内完成	1.4 开画板； 2.4 开素描纸； 3.2B~6B 素描铅笔； 4. 绘画橡皮； 5. 素描削笔器或壁纸刀	形体比例	20 分
					明暗关系	20 分
					透视	20 分
					体积空间	10 分
					细节刻画	10 分
					完成情况	10 分
					学习态度	10 分

图 3.2–3　建筑景观写生对象

课后（拓展）

3.2.3 建筑景观素描临摹与知识测试（表 3.2–4）

课后拓展说明与要求　　　　表 3.2–4

<table>
<tr><th>序号</th><th>拓展内容</th><th>完成时间（分钟）</th><th>要求</th><th>工具</th><th colspan="2">评价标准（100 分）</th></tr>
<tr><td rowspan="7">1</td><td rowspan="7">建筑景观素描临摹（图 3.2–4）</td><td rowspan="7">130</td><td rowspan="7">1. 形体透视与比例准确；
2. 明暗关系准确，细节表现充分，空间感强；
3. 在规定时间内完成</td><td rowspan="7">1. 4 开画板；
2. 4 开素描纸；
3. 2B~6B 素描铅笔；
4. 绘画橡皮；
5. 素描削笔器或壁纸刀</td><td>形体比例</td><td>20 分</td></tr>
<tr><td>明暗关系</td><td>20 分</td></tr>
<tr><td>透视</td><td>20 分</td></tr>
<tr><td>体积空间</td><td>10 分</td></tr>
<tr><td>细节刻画</td><td>10 分</td></tr>
<tr><td>完成情况</td><td>10 分</td></tr>
<tr><td>学习态度</td><td>5 分</td></tr>
<tr><td>2</td><td>任务 2 测试题</td><td>5</td><td>按时完成任务 2 的 10 道知识测试题，允许对照答案</td><td>手机或电脑</td><td>答题情况</td><td>5 分</td></tr>
</table>

1. 建筑景观素描临摹（图 3.2–4）

图 3.2–4　建筑景观素描

2. 任务 2 测试题

扫描二维码答题。

任务 2 测试题

建筑景观素描临摹与赏析作品

4

Mokuaisi Shuicai Jingwu Biaoxian

模块四
水彩静物表现

水彩静物能力概述

色彩是世间万物共有的特征，色彩是绘画完整地表现客观事物的造型因素，它能够更真实地表现物象客观状态，增强作品视觉效果与表现力。我们将通过水彩静物表现的若干任务实践，掌握色彩造型规律与方法，具备水彩画造型能力，同时培养设计意识和创造力，为建筑效果图表现和建筑手绘表现奠定坚实的基础。

水彩静物表现包括水彩静物写生、水彩静物临摹及色彩的分解与重组三方面内容。色彩写生是提高色彩造型能力的主要途径，在写生中能够真正地认识形体、色彩和光的内在联系，理解色彩知识，达到熟练自如地运用色彩描绘物象的水平。水彩静物写生的同时要配有相应的临摹作业和色彩的分解与重组作业。临摹是提高造型能力的重要途径，在色彩造型训练中具有重要作用；色彩的分解与重组是将色彩造型表现与色彩平面表现相结合的实践方式，能够帮助我们快速地理解色彩变化规律，提高色彩造型能力。水彩静物表现学习内容与目标见表 4-1。

水彩静物表现学习内容与目标　　表 4-1

任务名称	课前（预习）	课中（实践）	课后（拓展）	课中学时	达成目标
任务 1　色彩推移表现	1. 色彩概述； 2. 色彩颜料与工具； 3. 水彩画技法	1. 色相推移的步骤； 2. 明度推移的步骤； 3. 纯度推移的步骤； 4. 冷暖推移的步骤	1. 色彩推移实践； 2. 测试题	4	1. 掌握色彩变化规律与水彩静物的表现方法； 2. 具备水彩静物的造型能力
任务 2　单体静物水彩表现	1. 物体的基本色彩； 2. 物体基本颜色的表现方法； 3. 色彩关系	1. 单体罐子水彩的表现步骤； 2. 水彩单体苹果的表现步骤	1. 单体罐子水彩画临摹； 2. 单体苹果水彩画临摹； 3. 测试题	4	
任务 3　水彩静物写生（一）	1. 整体冷暖关系； 2. 色彩的协调与对比； 3. 水彩静物写生方法与步骤	四个形体组合的水彩静物写生实践	1. 水彩静物临摹； 2. 测试题	4	
任务 4　水彩静物写生（二）	回顾 4.2.1、4.3.1 知识与方法	四个以上形体组合的水彩静物写生实践	1. 静物色彩分解与重组表现（一）； 2. 测试题	4	
任务 5　水彩静物写生（三）	回顾 4.3.1 知识与方法	多个形体组合的水彩静物写生实践	1. 静物色彩分解与重组表现（二）； 2. 测试题	4	

4.1　任务 1　色彩推移表现

色彩推移表现主要内容是色相推移、明度推移、纯度推移和冷暖推移，通过这个任务的实践，让我们理解与掌握色彩三要素与色性等若干知识和方法，认识水彩颜料的基本特性，初步掌握水彩调色的方法。课前除了预习相关知识外，还要按任务要求做好相关的准备工作，以保证课中能够顺利进行实践（表 4.1–1、表 4.1–2）。

学习目标与过程　　**表 4.1–1**

学时	能力目标	知识目标	素质目标	学习过程
4	1. 具有基本的调色能力； 2. 能够运用基础知识正确表现色相推移、明度推移、纯度推移、冷暖推移	1. 理解色彩概述、色彩三要素； 2. 掌握水彩基本技法及工具的使用方法； 3. 掌握色彩推移的表现方法	树立文化自信，热爱优秀的中华传统文化	1. 课前 （1）预习 4.1.1 中的知识与方法； （2）准备相关工具和材料 2. 课中 完成色相推移、明度推移、纯度推移和冷暖推移表现实践 3. 课后 完成色彩推移作业与测试题

任务导读与要求　　**表 4.1–2**

任务描述	任务分析	相关知识与方法	重难点	实施步骤与要求
任务 1 主要是通过色相推移、明度推移、纯度推移和冷暖推移的实践，掌握调色方法及水彩明度、纯度及冷暖的调控方法。学生要在要求的时间内完成课前、课中与课后的学习任务	1. 色相推移是将原色进行二次混合调出间色，形成色相转换序列； 2. 明度推移是将一个色相的明度提高和降低，形成等差的明度色块排序； 3. 纯度推移是将一个色相的纯度不断降低，形成等差的纯度色块排序； 4. 冷暖推移是将一个色相的变冷和变暖，形成不同冷暖的色块排序	1. 色彩的产生； 2. 色彩的基本概念； 3. 色彩三要素； 4. 色性； 5. 色彩颜料及工具； 6. 水彩画技法	1. 色彩三要素与色性； 2. 色彩冷暖的转换法； 3. 水彩画技法	1. 课前 （1）预习 4.1.1 知识与方法； （2）准备好色彩工具与材料、裱纸，并在裱好的水彩纸上打好格子，并标明文字（图 4.1–21）； （3）认真听取老师答疑 2. 课中 （1）汇报预习情况； （2）认真听取老师对重点问题的讲解； （3）认真观看老师任务示范； （4）完成色彩推移表现实践 3. 课后 （1）完成测试题； （2）完成色彩推移表现作业

色彩概述

课前（预习）

4.1.1 知识与方法

1. 色彩概述

（1）色彩的产生

我们生活在姹紫嫣红、色彩缤纷的世界里，能够拥有并利用色彩来装点空间、创造视觉形象、享受环境之美，这一切都要感谢光。光是神奇的，没有光就没有色彩。光照射到物体上，物体的色彩信息进入视网膜，传递到大脑的中枢系统，使我们感知到色彩的样貌。因此说，色彩就是人对光的视觉效应。

17 世纪英国物理学家牛顿通过实验发现，太阳光通过三棱镜，可以分解成七种色光，即红、橙、黄、绿、蓝、靛、紫（图 4.1–1），这七种色光等量混合时又会形成白色光（无色光）。色光混合次数与混合量不同，所形成新色光的亮度、色相等也不同，色光混合次数越多，亮度就越高，混合后产生的色光亮度高于混合前的亮度，这就是加色混合的基本原理。彩色电视屏幕、电脑显示器等就是利用的这种加色混合原理来产生各种色彩的。绘画所用的色彩颜料混合是色料的混合，不同于光色混合，属于减色混合。减色混合与加色混合相反，色料混合的次数越多，颜色就越容易灰暗，对光的吸收越强，反射出来的光越弱。在绘画和设计中，我们运用色料的混合而产生丰富多彩的颜色，能更多地体现绘画和设计的意图、气氛。

各种颜色的物体本身不会发光，但都具有选择性地吸收、反射光的特性。物体的颜色是通过对光的吸收与反射产生的，不同波长的光投射到物体上，有一部分被物体表面吸收，一部分被反射出来刺激到人眼睛，经过视神经传递到大脑，形成对物体的色彩信息的识别，即眼睛看到的物体颜色。如红色物体吸收红色以外波长的光，同时反射红色波长的光，所以我

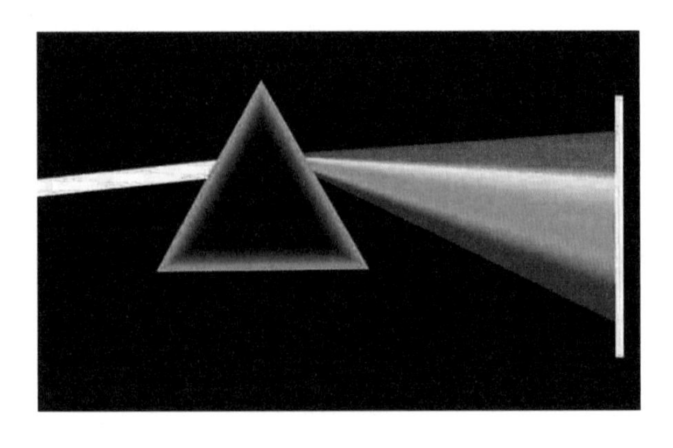

图 4.1–1 光色分解

们看到物体表面为红色。物体对光的吸收率越高，物体颜色明度越低，反之则明度越高。黑色和白色对光的吸收和反射达到了极致，黑色对光的吸收率最高，白色的反射率最高。

物体对色光的吸收与反射会随着光源色及光照强度的变化而改变，有时甚至失去其原有的色相感觉。在彩色灯光照射下的物体颜色几乎会失去原有色彩样貌，而发生奇异的变化。

（2）色彩的基本概念

1）原色

所谓原色，又称"第一次色"，即用以调配其他色彩的基本色。原色的成分是最单纯的、最鲜艳的，原色之间可以调配出绝大多数色彩，而其他颜色不能调配出原色。色料中的三原色为红色、黄色和蓝色（图 4.1–2）。

2）间色

间色又称"第二次色"，是由两种原色相互混合形成的颜色。把三原色中的红色与黄色等量调配就可以得出橙色，把红色与蓝色等量调配可以得出紫色，而黄色与蓝色等量调配则可以得出绿色（图 4.1–3）。

3）复色

由三种以上颜色混合而成的颜色叫作复色，又称"第三次色"。复色包括了除原色和间色以外的所有颜色。复色可能是三个原色按照各自不同的比例组合而成，也可能由原色和间色组合而成，只要含有三种以上颜色成分的颜色就是复色（图 4.1–3）。

（3）色彩三要素

我们画一幅色彩画首先要观察对象是什么颜色、颜色的明暗程度、颜色的鲜浊程度，这三个方面即色相、明度、纯度，总称为色彩三要素。

1）色相

色相是指色彩的样貌。色相与"人相"是同一个道理，每个人都有各自不同的样貌，这是区分人与人不同的基本依据，色彩也同样具有这样的

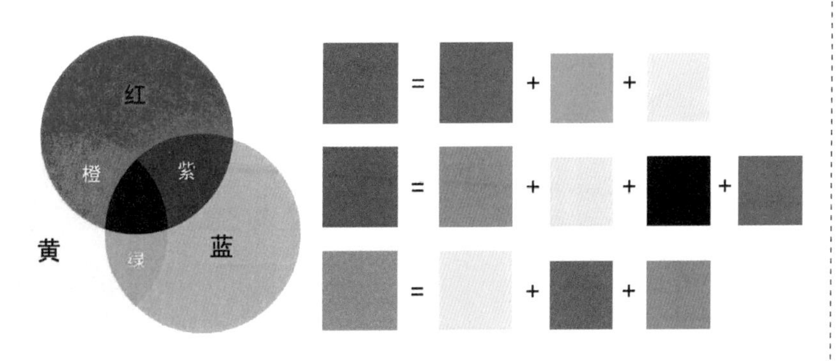

图 4.1–2　原色与间色（左）
图 4.1–3　复色（右）

特点，色相是区分千变万化的色彩的基本依据，也是不同色彩之间相互比较的基本依据。在学习色彩的初期应该提高识别各种不同色相的能力，一幅色彩画面都是由若干色相组成的，同时存在着色相之间的对比关系，因此识别色相是认识和比较色彩的基本条件。

色彩的样貌以红、橙、黄、绿、蓝、靛、紫的光谱为基本色相，并形成一种秩序。这种秩序是以色相环的形式体现的（图 4.1–4）。根据不同色相之间的对比强弱可以分为同类色相、邻近色相、对比色相和互补色相。

同类色相指色彩倾向一致，冷暖、明度、纯度各不相同的色相。比如，蓝色有普蓝、湖蓝、群青蓝、天蓝等，它们的色彩倾向都是一致的，对比不强烈，所以容易协调在一起（图 4.1–5）。

邻近色相是指在色相环上，非同类色但距离彼此相邻或相近的色相，即在色相环中距离在 30°~60° 区间的色相为邻近色相。如红与橙、橙与橙黄、黄与黄绿、绿与蓝绿、蓝与紫蓝、紫与紫红等（图 4.1–4）。

对比色相是指色相冷暖反差较大的颜色，在色相环上距离相隔 120° 角以上，如黄色与蓝色、绿色与紫色、橙色与绿色（图 4.1–4）。

互补色简称补色，在色相环中形成 180° 角的每一对颜色都为互补色，两种互补色等量混合后呈黑灰色。由色相环可以看到红色与绿色为互补色，黄色与紫色为互补色，蓝色与橙色为互补色。互补色必然是一对颜色，两者对比最为强烈，是色彩对比的极致（图 4.1–4）。

2）明度

明度是指色彩的明暗程度。不同的色彩明暗程度不同，比如黄色与红色相比，黄色明度高，红色的明度低，而红色与褐色相比则红色明度高，褐色明度低。区分不同色彩的明度对于画好色彩画是非常重要的，每一幅画面都存在着明度对比关系。一幅画面由不同明度的色彩组成。一方面，明度客观地反映出被描绘物体颜色的明暗程度，准确表现物体的明度是色彩写生的基本要求；另一方面，明度对比关系能使画面更加和谐与丰富。素描中所强调的“整体关系”主要是指物体间的明度对比关系。同一色相

图 4.1–4　色相环（左）
图 4.1–5　同类色（右）

在明度上的变化让该颜色产生了明度色阶，这些色阶相当于素描中不同层次的“调子”，能够表现出物体的空间关系。

将一种颜色明度提高或降低一般是在不改变该颜色色彩倾向的情况下，将该颜色中不断调入明度极高或极低的颜色，比如白色和黑色（图 4.1–6）。

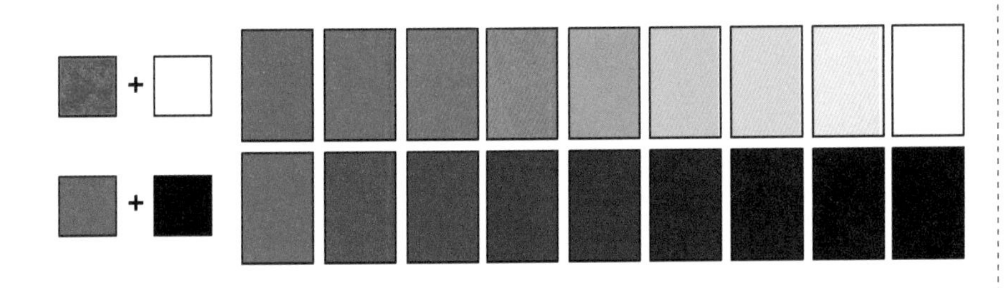

图 4.1–6　改变明度的方法

3）纯度

纯度是指色彩的鲜浊程度。比较鲜艳的颜色纯度高；而比较混浊、不鲜艳的颜色纯度低。在常用色彩中，原色与间色的纯度高，复色纯度相对较低。由此可见，一个颜色经过混合的次数越多其纯度就越低。纯度较低的色彩在绘画中叫作“灰色”，这种灰色不是日常生活中的“无彩灰（不含有色素的灰）”，而是带有一定色彩倾向的灰。图 4.1–7 中 *a*、*b*、*c*、*d* 分别为紫灰、绿灰、黄灰、蓝灰。一幅画面是由不同纯度的色彩组合成的，色彩纯度主要取决于被描绘对象色彩的纯度，因此纯度的表现成为准确表现物体纯灰对比、协调画面关系的一个重要因素。

将一种高纯度颜色的纯度降低，一般是将该颜色中调入一种纯度很低的色彩或无彩色，比如褐色、灰色，调入该颜色的互补色也能迅速降低其纯度（图 4.1–8）。

（4）色性

色性即色彩的冷暖属性。当我们看到红色、橙色时往往会联想到温暖的太阳、火与热等事物，给人以温暖的感觉；当我们看到蓝色、白色时就会联想到冬天、冰雪等事物，给人以寒冷的感觉。色彩本身并不存在温度的变化，但它却能给人以温暖或寒冷的感觉，所以色彩通过视觉感官作用

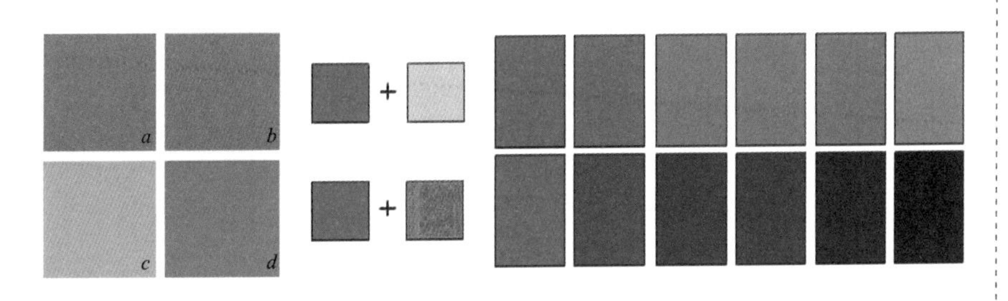

图 4.1–7　有倾向的灰色（左）
图 4.1–8　降低纯度的方法（右）

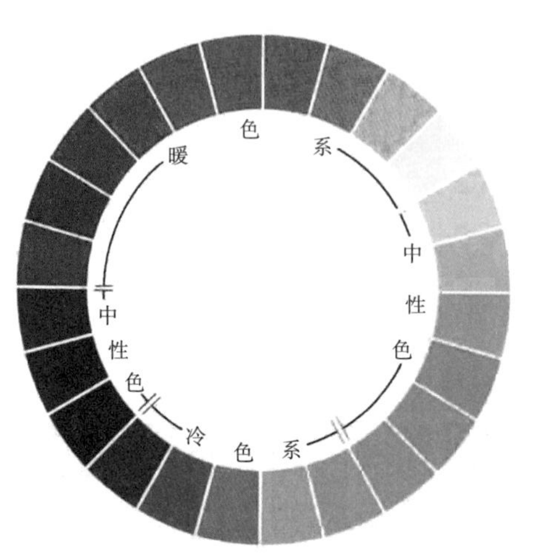

图 4.1-9　冷暖色分布

于心理能让人产生冷暖感觉的特性就是色彩的冷暖属性。

从色性上大体可将颜色分为冷色、暖色和中性色，暖色包括红色、橙色、黄色；冷色包括青色、蓝色；中性色包括紫色和绿色（图 4.1-9），中性色的冷暖介于冷色与暖色之间。同一色系里的每个颜色之间也存在冷暖差异，比如黄色系中的柠檬黄和中黄相比，柠檬黄是冷的，中黄是暖的，而中黄与桔黄相比，则中黄是冷的，桔黄是暖的，所以色彩的冷暖总是在相互比较中相区分的，不能绝对地说某一种颜色是冷还是暖。色彩的冷暖是客观存在于被刻画对象上的，在绘画中色彩的冷暖属性时刻作用于画面，冷暖变化在画面中无处不在，它能让画面色彩丰富、和谐并充满活力，深刻认识色彩冷暖的含义将对画好色彩画起到至关重要的作用。

一种颜色与另外一种颜色经过一定程度的混合后，其冷暖会发生变化，但是在颜色冷暖改变的过程中不能让这个颜色的原有倾向发生改变，这是色彩冷暖转变中应该把握的第一原则。比如我们在把黄色调冷时，会在黄色中混合入一定的蓝色或绿色，蓝色或绿色一旦调入过量，混合后的颜色就失去了黄色原有的倾向，变成了绿色相，这样就失去了冷暖转变的目的和意义。在绘画中刻画某物体时，其亮部与暗部的色彩冷暖是不同的，亮部色彩的冷暖和暗部色彩的冷暖相区别，才符合物体色彩的客观变化，这要求我们熟练掌握色彩冷暖的变化方法。

1）色彩冷暖的变化方法——将颜色转暖

将颜色转暖有两种方法，第一种方法是将某颜色中调入一定量的同类色中更暖的颜色，可以使该颜色变暖。我们以淡黄为对象做以下转暖实践。

步骤一：分析。淡黄的同类色有柠檬黄、中黄、土黄、桔黄等，其中除柠檬黄外其他颜色都比淡黄暖。

步骤二：选色。选取桔黄色为提高淡黄暖度的颜色。

步骤三：混合。将不同量的桔黄色分别混合到淡黄中并调匀，再将每次混合后得到的新的颜色涂于纸上。

步骤四：结果。我们可以看到随着在淡黄色中调入桔黄色量的不断增加，新的颜色变得越来越暖（图 4.1-10）。

将颜色转暖的第二种方法是将某颜色中调入一定量的比该颜色暖的其

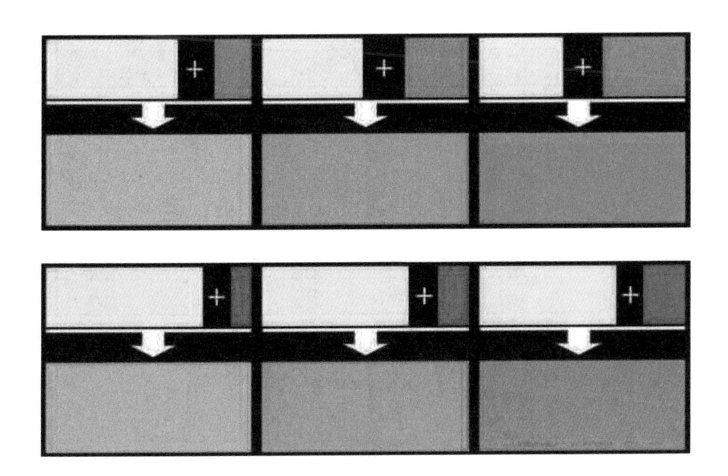

图 4.1-10　黄色加同类色转暖

图 4.1-11　黄色加红色转暖

他色相，可以使该颜色变暖。以柠檬黄为对象做以下转暖实践。

步骤一：分析。比柠檬黄暖的颜色有橙色、红色、赭石等。

步骤二：选色。选取大红为提高柠檬黄暖度的颜色。

步骤三：混合。将不同量的大红色分别混合到柠檬黄中并调匀，再将每次混合后得到的新的颜色涂于纸上。注意每次调入红色的量一定要控制好，一旦调入量太大就会改变黄色的基本倾向，变成橙红色。

步骤四：结果。我们可以看到随着在柠檬黄中调入大红色量的不断增加，新的颜色变得越来越暖（图 4.1-11）。

2）色彩冷暖的变化方法——将颜色转冷

将颜色转冷同样有两种方法，第一种方法是将某颜色中调入一定量的同类色中更冷的颜色，可以使该颜色变冷。以淡绿色为例，看一下将淡绿色调冷的过程。

步骤一：分析。淡绿的同类色相有浅绿、中绿、粉绿、翠绿等，其中粉绿、翠绿均明显比淡绿色冷。

步骤二：选色。选取翠绿色为提高淡绿冷度的颜色。

步骤三：混合。将不同量的翠绿色分别混合到淡绿色中并调匀，再将每次混合后得到的新颜色涂于纸上。

步骤四：结果。我们可以看到随着在淡绿色中调入翠绿色量的不断增加，新的颜色变得越来越冷（图 4.1-12）。

将颜色转冷的第二种方法是将某颜色中调入一定量的比该颜色冷的另一种色相，可以使该颜色变冷。同样以淡绿色为例，看一下用这种方法将淡绿色调冷的过程。

步骤一：分析。比淡绿冷的非同类色相是蓝色系中各种蓝色，包括湖蓝、普蓝、群青蓝等。

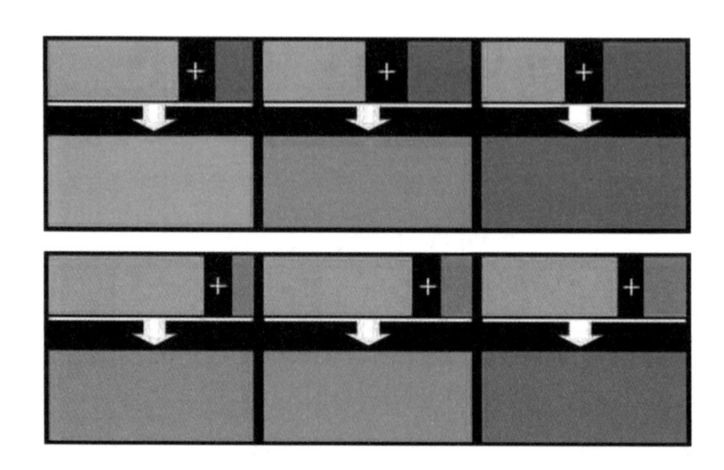

图 4.1-12 绿色加同类色转冷

图 4.1-13 绿色加蓝色转冷

步骤二：选色。选取湖蓝为提高淡绿冷度的颜色。

步骤三：调色。将不同量的湖蓝色分别混合到淡绿色中并调匀，再将每次混合后得到的新颜色涂于纸上。

步骤四：结果。我们可以看到随着在淡绿色中调入湖蓝色量的不断增加，新的颜色变得越来越冷（图 4.1-13）。

色彩颜料与工具、水彩画技法

将颜色冷暖改变，要根据不同的色相之间的兼容性和绘画中实际需要的色彩纯度来选择颜色，不能盲目选择对比极强的颜色。因为有些对比极强的两种颜色兼容性较差，相互混合后颜色会发生较大的变化，得到不理想的结果。比如互补色相互混合，无论是将原有色变冷还是变暖，它们之间等量混合后往往会失去原有的色彩倾向，颜色变得极灰。关于色彩冷暖变化的控制能力与经验更多的需要在长期的写生实践中不断地摸索与积累。

2. 色彩颜料与工具

色彩绘画的颜料多种多样，如水粉、水彩、油彩、岩彩等，颜料不同，其特性、绘画效果也各有差异，相关的工具及使用方法也有着明显区别。鉴于建筑手绘表现的特点，选取水彩作为色彩写生的颜料更为适合。下面着重对水彩颜料及其相关工具的使用方法进行介绍。

（1）水彩颜料

水彩是一种易溶于水的颜料，必须与水相结合才能调和出各种各样的色彩。水彩颜料有如下特点：

1）透明

水彩颜料与水融合后，较多的颜色是透明或半透明的，在颜料中调入的水分比例越多，颜色明度和透明度就越高。将水彩颜色提高明度，一般不与白色混合，而是依靠水彩颜料的透明性质与纸白相互作用来提高颜色明度，这样能够保证水彩画通透、轻盈的效果。而白色则运用较少，因为白色颜料不透明且覆盖力较强，大面积应用会使画面失去水彩画效果。

2）易干

水彩颜料与水融合后被涂在水彩纸上，水分在较短的时间内就会蒸发掉，颜料自然就干了。一般颜料中调入的水分越多，干得越慢，反之则越快。

3）浸蚀性和沉淀性

有些水彩画颜料浸蚀性很强，如玫瑰红、翠绿、青莲等，涂到画纸上不易洗掉，但另外一些如群青、湖兰等颜料，则浸蚀力较差，比较容易洗掉。在写生中多了解它们各自不同的浸蚀作用和程度，有利于更好地控制画面效果。还有些颜料易于沉淀，如群青、钴蓝、煤黑、土黄、朱红、土红等，不宜于大面积浓重着色，但也可利用沉淀特点在画面上画出特殊效果。

（2）纸张

画水彩画必须选用水彩画专用纸张，即水彩纸（图 4.1–14）。水彩纸吸水性比普通纸要强很多，磅数较高的厚度也较高，作画时不易破裂与起毛。水彩纸表面有粗纹的、细纹的和平滑的，初学者选择粗纹的比较适宜。制造手法又分为手工纸与机器制造纸，手工纸相对来说质地更好，价格也较为昂贵。

（3）笔

水彩画用笔有多种，一般分为水彩专用毛笔，即水彩笔、国画毛笔、软毛笔刷和综合色彩画笔（图 4.1–15）。

（4）颜料盒

画水彩画一般选用 24 色颜料盒，封闭性要好，防止颜料蒸发。颜料盒给作画时调色提供方便条件，颜料在盒子中的排放顺序要有一定的规则，一般将同一色彩倾向的颜色按明度由深到浅排列（图 4.1–16）。

图 4.1–14 水彩纸（左）
图 4.1–15 画笔（右）

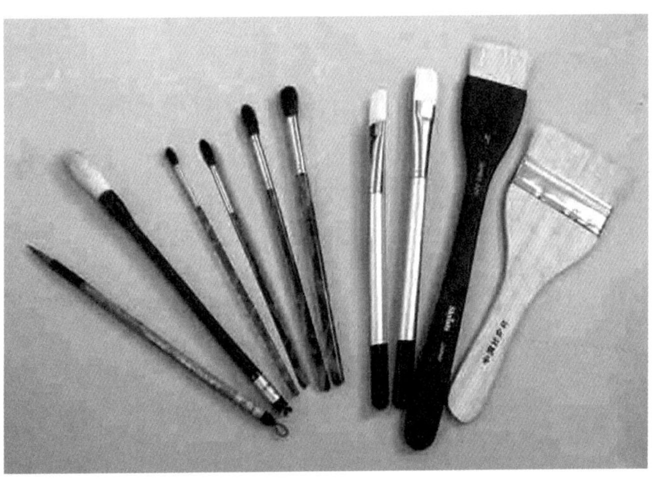

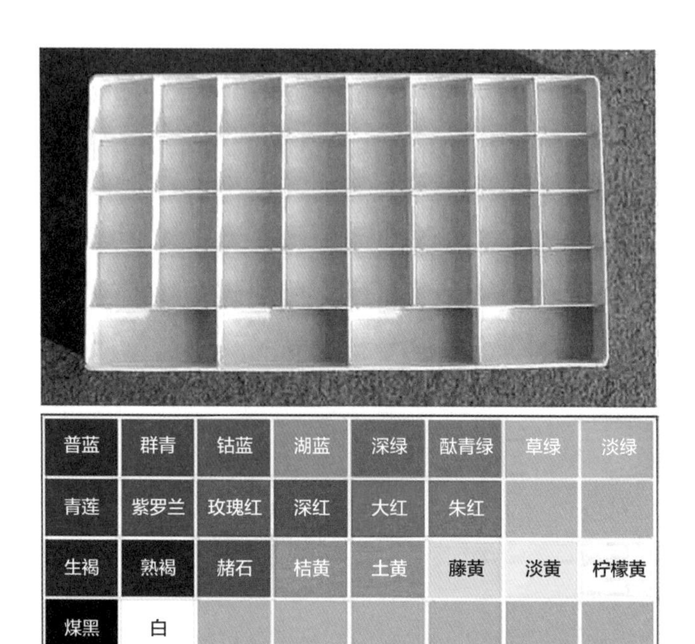

图 4.1–16　颜料盒

图 4.1–17　其他工具

（5）其他

画水彩画必不可少的辅助工具还有涮笔桶、水胶带、抹布等（图 4.1–17）。水彩是用水作为媒介实现着色的，水用来调节颜色的湿度和清洗画笔上残余的颜料，因此涮笔桶是画水彩画的重要工具；抹布是用来吸收画笔中的水分的，并能控制颜色的干湿度；水胶带是用来裱纸的，可以将水彩纸固定在画板上，防止水彩纸因为吸收水分多而变形褶皱，裱纸的方法如图 4.1–18 所示。这些工具的使用方法比较简单，但是缺一不可。

（6）装裱画纸的方法

1）将水彩纸平铺于画板上，用大号的板刷沾满水均匀地涂于纸面上；

2）水胶带涂上水后具有黏性，将涂上水的水胶带平整地粘贴在水彩纸边缘上（压住水彩纸边缘 1cm），先粘贴水彩纸的某一长边，再粘贴其

图 4.1-18 裱纸步骤

对边，然后粘贴其余的边；

3）用抹布吸收画纸上的剩余水分，然后移开抹布，不要用抹布在纸上反复擦拭，以免破坏纸面；

4）待水分蒸发完，纸面会变得干爽、平整后，就可以作画了。

3. 水彩画技法

水彩是以水作为媒介，通过与水融合产生艺术效果的绘画颜料。由于水彩颜料的透明性，使水彩具有了独特的审美特征和美学效果。水彩画以透明、流畅、轻盈、水色交融为特点，色彩在水的作用下相互流淌、渗化、衔接、冲撞，这也是水彩画的重要标志。水彩画的形成是由水分、时间和色彩三个重要因素来决定的。

水彩颜料与水融合可以呈现出各种不同的效果，因此水彩画技法也是多种多样，最常用的技法有干画法、湿画法、接色法等，在用笔、水分的掌控上也都有技巧需要掌握。

（1）干画法

干画法又称重叠法，就是将颜色由浅入深，在前一遍着色干后，一层层重叠颜色表现对象的方法。在技术上，要在第一遍颜色干了之后，再依明暗顺序加上第二遍、第三遍，色彩在多次重叠之后，可以产生明确的立体感、空间感及笔触意味。在画面不同的位置涂色层数也不相同，有的地方一遍即可，有的地方需要两遍、三遍或更多，但不宜遍数过多，以免色彩灰脏失去透明感（图 4.1-19）。

（2）湿画法

湿画法又称渲染法，是将水彩在湿润的纸面上染化，形成精彩而特殊润染效果的画法，跟重叠法正好采取相反的技巧，渲染法的效果呈现出朦胧、湿润、柔和、渗透、模糊、界定不明的效果，在水彩画中，最能表现出淋漓尽致、畅快自然、柔和优美的感觉。渲染的成败，取决于短时间内水分湿度的控制。

在渲染画面时，画板最好以倾斜的角度放置，纸质要好，水量要控

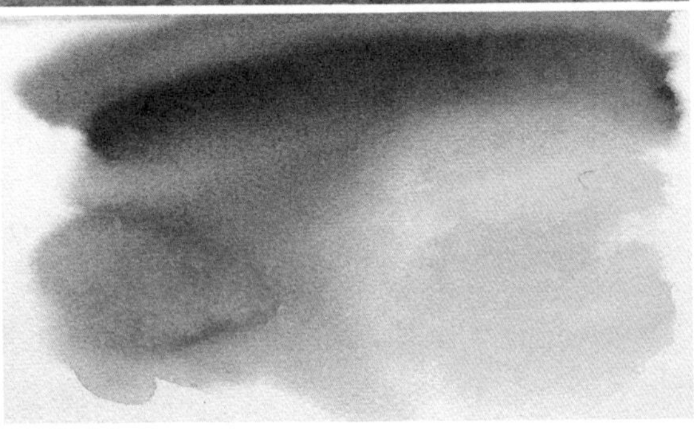

图 4.1–19　干画法（左）
图 4.1–20　湿画法（右）

制得当。先将画纸用大号羊毫笔或板刷用水刷湿，或直接浸于清水中，等湿度达到一定程度时，再蘸颜料着色，不同颜色的颜料会在水中相互扩散、渗透，产生晕染的效果，最易于表现雾气迷漫、烟雨朦胧的效果与气氛。湿画法也可以根据需要趁湿将另一个颜色重叠在前一遍颜色之上，产生与渲染类似的效果（图 4.1–20）。

（3）接色法

接色法是将描绘对象相邻部位的颜色连接在一起的方法，通常分为湿接法与干接法。

湿接法可分为湿的重叠和湿的接色两种。湿的重叠是将画纸浸湿或部分刷湿，未干时着色和着色未干时重叠部分颜色。这种接色方法与湿画法属于同种方法。湿的接色是邻近的颜色未干时接色，水色流渗，交界模糊，表现过渡柔和色彩的渐变多用此法。接色时相接的两个颜色水分含量要一致，否则，水分多的颜色会向水分少的颜色处流淌，产生不必要的水渍（图 4.1–21）。

干接法是在邻接的颜色蒸干后在其旁边直接涂色或略有重叠，色块之间不相互融合，每块颜色本身也可以湿画。这种方法能使表现的物体轮廓清晰、色彩明确（图 4.1–22）。

以上三种技法是水彩画最常用、最实用的表现方法，具体表现画面

图 4.1-21　湿接法

图 4.1-22　干接法

时，经常要将这些方法结合起来使用，根据画面不同位置的效果需要，分别运用。以干、湿结合的画法表现画面，湿画法为主的画面局部采用干画法，干画法为主的画面也有湿画法的部分，干湿结合，表现充分，浓淡枯润，妙趣横生。

（4）其他技法

以下介绍几种水彩画的特殊技法，在作画中能够得到一些特殊的效果，但并非主要技法，建议初学者暂不使用，因为一幅好的画面不是靠特殊效果获得的，而是在具备基本的表现技法基础上，以和谐的色调、丰富的色彩、完善的色彩关系以及深厚的造型能力来获得的。

1）刀刮法

用一般的刀片在着色的先后在纸面上刮划，破坏纸面的原有纹理而使画面产生特殊的肌理效果。这是一种表现特殊效果的方法，多用于表现粗糙质地的物象。

2）遮挡法

用遮盖剂或蜡笔，着色前涂在指定部分。着色时尽可大胆运笔，被遮挡之处自然空出。描绘稀疏的树叶、夜晚的灯光、纤细的花枝等都比较得力。

3）吸洗法

使用吸水纸（过滤纸或生宣纸）趁着色未干吸去颜色。根据效果需要，吸的轻重、大小可灵活掌握，也可吸去颜色之后再次重叠淡彩。这也是一种制造肌理效果的方法，可使画面别具味道。

4）喷水法

在着色前先喷水、在颜色未干时喷水都可以使画面产生意想不到的效果，这种效果是水彩画专有的，充满水的气氛与意境。喷水一般用喷壶，宜选用喷射雾状的，水点过大容易破坏画面效果。

5）撒盐法

颜色未干时撒上细盐粒，干后出现像雪花般的肌理趣味。撒盐时，应视画面的干湿程度，撒盐过晚会失去作用。盐粒在画面上要撒得疏密有致，不能随便乱撒。

（5）水分的掌控

水分在画面上有融合、渗化、流淌、蒸发的特性，充分发挥水的作用，是画好水彩画的关键因素之一。作画时要掌握水分蒸发的时间，这与作画环境中的空气的湿度、温度及画纸的吸水程度有着密切的关系，因此作画时要把握以下几点：

第一，在进行湿画时，时间要掌握得恰如其分。叠色太早、太湿，导致水分太大，颜色晕染速度太快，易失去物象应有的形体；叠色太晚，底色将干或已干时，水色不易渗化，衔接生硬，达不到湿画的目的。一般在重叠颜色时，要注意笔头含有的水分与颜料之间的比例，通常颜料成分比重要大，而水分要少，这样既能把握形体，又不影响水色交融的效果。如果重叠之色较淡时，要等底色稍干再进行。

第二，空气的湿度与温度是影响水分蒸发速度的一个重要因素。一般在空气湿度较大或温度不高的室内或在阴雨天气的户外作画时水分蒸发得较慢，此时作画用水要少；在干燥或温度较高的环境里作画时，水分蒸发快，要多用水，同时作画速度也要加快，此时不适合画长期作业。

第三，画纸的吸水程度也影响着作画进程。作画时要根据纸的吸水速度掌握用水的多少，一般画纸吸水慢，则用水少；画纸吸水快，则用水多。

(6) 用笔方法

水彩画用笔变化多端，基本用笔与水和色的含量是紧密相关的。水多色少、色多水少或水色适中，都影响着每一笔画出的效果。用笔效果是通过笔触传达出来的，大面积涂色和湿画法涂色时，水分的渗化会将笔触隐没，笔触感觉比较含蓄；干画法或颜色较干时作画，笔触清晰可见，应注意笔触的变化要丰富。具体作画时应按以下方法控制用笔：

1）运笔肯定

因为水彩颜料与水结合产生的特性，水彩画用笔要干净利落，一笔颜色落在纸上，行笔要肯定和果断，不能反反复复地在一个位置涂抹，尤其是运用干画法叠加颜色的时候，反复涂抹会将底层颜色再次溶解混于上层颜色中，不仅会破坏层次感，还有可能让颜色变脏或产生水渍。

2）运笔力量均匀

运笔力量是指运笔的下压力量。因为水彩笔的笔锋较长，而笔锋沾满了颜色后，会形成自下而上的色彩明度的渐变，所以运笔时的下压力量不能太大，运笔力量要均匀。如果力量过大会使涂在纸上的色彩含水量不均匀，干了之后产生水渍以及明度不一的效果。所以在运笔上要尽量保持力量与速度的均匀。

3）运笔的方向与角度

水彩画笔的种类较多，总体可分为平头笔、鸭筒笔及尖头笔（毛笔），不同形状的笔形成的笔触效果也是不同的，但无论用什么样的笔，运笔的共同法则都是笔触的变化和多样。运笔的方向与角度多由被刻画物体的形状与结构决定，水彩画与其他画种一样，都讲究“随形走笔”，偶尔也会有少量逆形而走的运笔方向。这就决定了运笔的方向、角度的多变性，初学水彩画者需要多实践，在实践中总结更多的用笔经验。

审美与素养拓展

水彩画中的中国文化元素

水彩画源自于西方，18世纪传入我国，在东方文化的影响下，逐渐融入我国本土元素，除了本土题材之外，突出表现在中国传统绘画笔墨的运用和意境的表达。中国元素的融入使水彩画语言加以扩展，意境更加深远，向着民族化的趋势发展。

中国的水墨与水彩在材料、技法上有明显的共同之处，都是以水为媒介进行渲染，水彩传入我国后，在技法方面借鉴了中国画皴、擦、点、染、留白等表现手段，将以线造型的表现形式、“写意精神”运用其中；同时中国画中的绘画理论、绘画精神和审美观等因素均被不同程度地运用其中。到了21世纪后，中国画的毛笔被广泛运用于水彩画表现中，这使水彩画的表现语言进一步本土化，形成中国水彩的独特语言和审美意味。中国传统绘画通过水墨交融，传达艺术家对自身与天地自然、个体与世界、生存与死亡的感受，表达出内在的精神与情感，而水彩画在一定程度上融合了这些内在元素，也就形成了中国水彩的文化特征。

中国文化的博大精深、中国的民族精神让中国水彩画向着更高的境界发展，使之在世界艺术之林中发出璀璨的光芒。

课中（实践）

4.1.2　色彩推移表现实践（表 4.1–3）

色彩推移表现实践

任务 1　色彩推移表现任务书　　　　表 4.1–3

序号	任务内容	完成时间（分钟）	要求	工具	评价标准（100 分）	
1	色相推移（图 4.1–23）	30	1. 涂色均匀，水分控制得当，色彩润泽，有透明感； 2. 色相过渡准确、纯度高； 3. 制作工整细致； 4. 明度等级排列均匀； 5. 纯度等级排列均匀； 6. 冷暖变换等级分明，不脱离原本色彩倾向； 7. 在规定时间内完成	1. 4 开画板； 2. 4 开水彩纸； 3. 水彩颜料、颜料盒、调色盘、水彩画笔、涮笔筒、抹布； 4. HB 铅笔、绘画橡皮	裱纸与打格	5 分
2	明度推移（图 4.1–23）	30			工具	5 分
3	纯度推移（图 4.1–23）	30			色彩准确度	40 分
4	冷暖推移（图 4.1–23）	30			技法掌握	20 分
					作业工整度	10 分
					完成情况	10 分
					学习态度	10 分

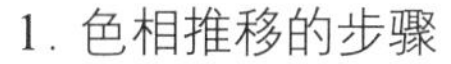

1. 色相推移的步骤

（1）在水彩纸上用铅笔打好 4 排 3cm × 4cm 的格子（图 4.1–23），用于色彩推移表现。

（2）如图 4.1–23 所示，在第一排的指定格子中涂满深红、湖蓝和柠檬黄色。注意颜色与水分的比例要适中，颜色不能太稠、太厚，也不能加入过多水分，同时要保持色彩的鲜明度。

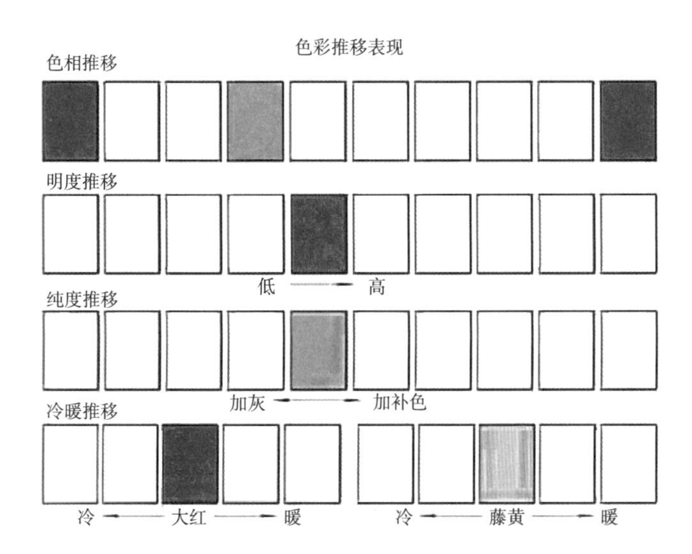

图 4.1–23　色彩推移版式与对象

（3）将深红中加入一点湖蓝混合后形成一个比较暖的紫色，将其涂进邻近深红的格子里，然后在深红中再多加一些湖蓝混合后形成偏冷一些的紫色，将其涂于下一个格子。

（4）按照之前的方法分别将剩余的格子涂上蓝色与黄色、黄色与红色的间色（图 4.1–24）。

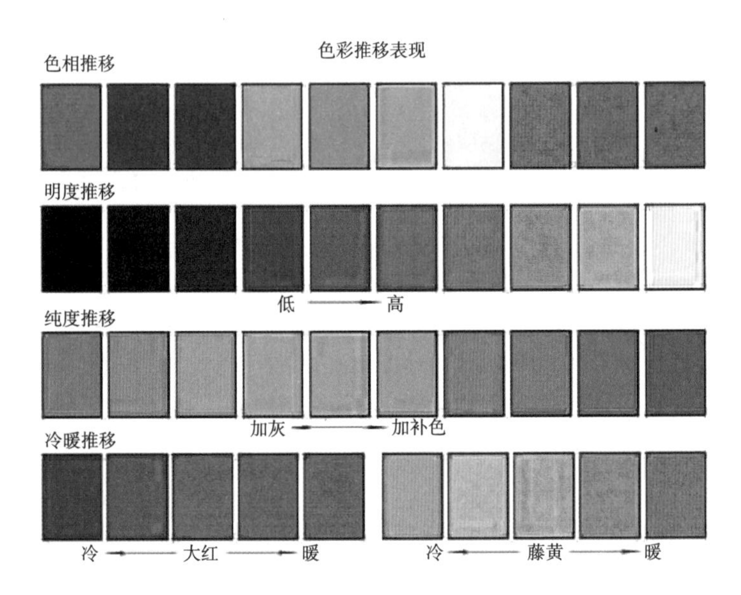

图 4.1–24　色彩推移表现方法

（5）观察填完的间色，总结原色与间色的关系以及色彩转换的规律。

2. 明度推移的步骤

（1）如图 4.1–23 所示，在第二排的指定格子中涂满赭石色。注意颜色与水分的比例，保持色彩的鲜明度。

（2）以赭石为起点向其左侧的空格中填入明度降序色块，通过将赭石中逐量增加黑色降低其明度，保持每两个相邻的色块明度对比明确，整体色度序列呈等差排列。

（3）再次以赭石为起点向其右侧的空格中填入明度升序色块，通过将赭石中逐量提高水分比例提高其明度，保持每两个相邻的色块明度对比明确，整体色度序列等差排列（图 4.1–24）。

（4）观察整体明度推移序列条，总结明度推移过程中需要注意的事项。

3. 纯度推移的步骤

（1）如图 4.1–23 所示，在第三排的指定格子中涂满浅绿色。注意颜色与水分的比例，保持色彩的鲜明度。

（2）以浅绿为起点向其左侧的空格中填入纯度降序色块，通过将浅绿中逐量增加灰色降低其纯度，保持每两个相邻的色块纯度对比明确，整体色度序列呈等差排列。水彩颜料中没有灰色，可将黑色调入高比例水分提高其明度，形成灰色。

（3）再次以浅绿为起点向其右侧的空格中填入纯度降序色块，通过将浅绿中逐量增加它的补色降低其纯度，保持每两个相邻的色块纯度对比明确，整体色度序列呈等差排列（图 4.1–24）。

（4）观察整体纯度推移序列条，总结纯度推移过程中需要注意的事项。

4. 冷暖推移的步骤

（1）如图 4.1–23 所示，在第四排的指定格子中先涂满大红色。注意颜色与水分的比例，保持色彩的鲜明度。

（2）将大红中混入不同量的冷色，形成两种不同的冷红色，分别涂于左侧的两个空格中。再将大红中混入不同量的暖色，形成两种不同的暖红色，分别涂于右侧的两个空格中。注意调出的新颜色不能脱离红色倾向。

（3）按照上述方法推出右侧藤黄色的四个冷暖层次（图 4.1–24）。

（4）观察整体冷暖推移色度条，总结冷暖推移的方法。

课后（拓展）

4.1.3 色彩推移实践与知识测试（表 4.1–4）

课后拓展说明与要求　　表 4.1–4

序号	拓展内容	完成时间（分钟）	要求	工具	评价标准（100 分）	
1	色彩推移实践（图 4.1–25）	60	1. 涂色均匀，水分控制得当，色彩润泽，有透明感； 2. 色相过渡准确、纯度高； 3. 制作工整细致； 4. 明度等级排列均匀； 5. 纯度等级排列均匀； 6. 冷暖变换等级分明，不脱离原本色彩倾向； 7. 在规定时间内完成	1.4 开画板； 2.4 开水彩纸； 3. 水彩颜料、颜料盒、调色盘、水彩画笔、涮笔筒、抹布； 4.HB 铅笔、绘画橡皮	裱纸与打格	5 分
					工具	5 分
					色彩准确度	40 分
					技法掌握	20 分
					作业工整度	10 分
					完成情况	10 分
					学习态度	5 分
2	任务 1 测试题	10	按时完成任务 1 的 10 道知识测试题，允许对照答案	手机或电脑	答题情况	5 分

1. 色彩推移实践（如图 4.1–25）

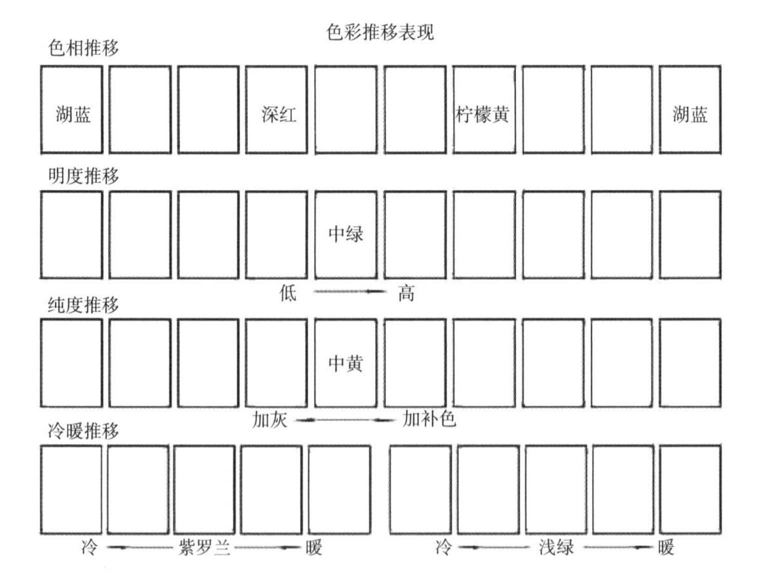

图 4.1–25　色彩推移版式与对象

2. 任务 1 测试题

扫描二维码答题。

任务 1 测试题

4.2　任务2　单体静物水彩表现

单体静物水彩表现是运用水彩画造型方法对单个物体进行表现的训练方式，是初步运用色彩关系、水彩画技法等知识进行实践的基础环节，通过实践能够进一步掌握形体、色彩和光的内在联系以及单体静物的表现方法，为水彩静物写生奠定基础表（表4.2–1、表4.2–2）。

学习目标与过程　　**表4.2–1**

学时	能力目标	知识目标	素质目标	学习过程
4	具有水彩单体静物的造型能力	1.理解物体的基本色彩； 2.理解色彩关系； 3.掌握水彩基本技法及工具的使用方法	1.提高审美与艺术鉴赏能力； 2.树立文化自信，热爱优秀的中华传统文化	1.课前 （1）预习4.2.1中的知识与方法； （2）准备相关工具和材料 2.课中 完成单体静物水彩表现实践 3.课后 完成单体静物水彩画临摹作业与测试题

任务导读与要求　　**表4.2–2**

任务描述	任务分析	相关知识与方法	重难点	实施步骤与要求
任务2主要是通过罐子和苹果的水彩表现实践，掌握单个物体色彩造型的方法，理解物体基本色彩的构成规律，掌握基本的色彩关系。学生要在要求的时间内完成课前、课中与课后的学习任务	1.罐子整体色彩明度低、纯度低，造型简单，明暗关系明确，需注意素描关系与质感表现； 2.苹果色彩鲜亮、造型简单，需注意纯度的控制、环境色的表现以及与周围环境的关系	1.物体基本色彩； 2.色彩关系； 3.水彩画技法	1.物体基本色彩； 2.色彩关系	1.课前 （1）预习4.2.1知识与方法； （2）准备好色彩工具与材料、裱纸，并在裱好的水彩纸上打好格子，并标明文字； （3）认真听取老师答疑 2.课中 （1）汇报预习情况； （2）认真听取老师对重点问题的讲解； （3）认真观看老师任务示范； （4）完成罐子与苹果水彩表现实践 3.课后 （1）完成测试题； （2）完成单体静物水彩画临摹作业

知识与方法

课前（预习）

4.2.1 知识与方法

1. 物体的基本色彩

绘画中物象的亮、灰、暗部色彩不是单一的，而是富有变化的。这些变化有其物理成因，因此物体的基本色彩变化可以遵循一定的规律。物体的基本色彩受到光与环境的影响而产生变化，一般由光源色、环境色和固有色组成。

（1）光源色

当某种光照射到物体表面时，物体受光部分颜色会发生一定变化，这种因为光源照射而发生变化的色彩叫作光源色。光本身是有颜色的，光的颜色或冷或暖照射到物体表面，在使物体产生明暗关系的同时会给物体色彩的冷暖带来变化。简单地说，光源色由物体本身的颜色和光色重叠组成，用一个公式来表达为：光源色＝物体颜色＋光色。从这个意义上来说，“光源的颜色就是光源色”显然是不准确的。正确认识光源色的概念有助于我们更好地理解物体基本颜色及物体基本颜色的冷暖变化规律。

既然物体颜色与光有关，我们需要先来研究一下光。我们日常接触的光大多是有色光，如太阳光、自然光和各种灯光。在白天的室内，我们所触及的是自然光，晚上我们使用的是灯光，晴天户外我们接触的是阳光，这些光的颜色都有其物理成因，这里我们暂不做更深的探究，但我们必须要知道这些光色是冷的还是暖的，以及它们确切的色彩倾向，这对于表现物体基本颜色及画面冷暖关系具有重要作用。绘画中常用的光可分为冷色光和暖色光，自然光、多数荧光灯（管灯等）发出的光属于冷色光，颜色倾向于蓝紫色；太阳、钨丝灯泡和少数荧光灯的发出的光属于暖色光，颜色倾向于暖黄色（图 4.2–1）。亮度较强的光容易被眼睛适应，而不容易被感觉出冷暖，如自然光和阳光，我们大多数时候都在接触和使用自然光和阳光，大家感觉它们是无色或白色的，其实这是一种错觉，这是因为眼睛长时间的适应而无法分辨其冷暖而造成的。亮度相对较弱的光容易被感觉出冷暖，如钨丝灯泡、傍晚的阳光等。

我们了解了光色，就很容易理解光源色的成因，光源色其实就是物体受光部的主要色彩，物体受光部色彩的冷暖取决于光色的冷暖。物体表面被冷色光照射时，物体受光部色彩与背光部色彩相比较会显得冷，即受光部冷，背光部暖；物体被暖色光照射时，则受光部暖，背光部冷（图 4.2–2）。这是通常情况下的冷暖变化规律，在特殊的情况下，这种规律也会发生局部颠覆，当然这属于少数情况。我们在写生中要善于发现与总

图 4.2-1　常用光源色彩

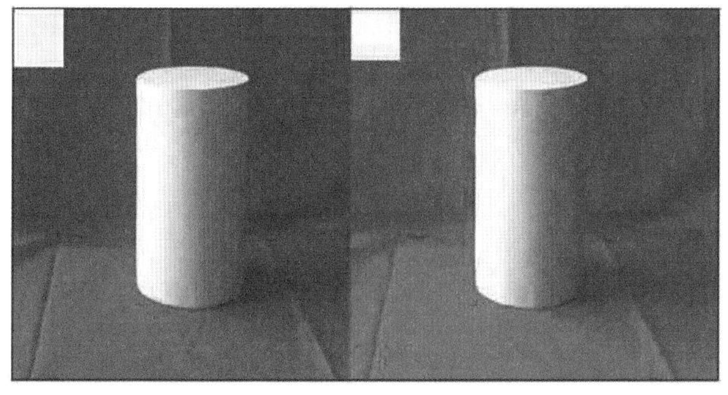

图 4.2-2　光源色

结，努力提高眼睛对色彩的感知力，以“客观”为出发点，不能一成不变地按照一种模式去认识和理解色彩，因为绘画中的色彩变化更注重“感觉与灵性”，完全按照理论去套用色彩只能画出平庸无奇的作品。

（2）环境色

环境色的产生也与光有着密切的关系。当光照射到物体上时，物体对光都会发生一定的反射，反射光一般会体现出物体本身的色彩，而这个色彩被反射到其他物体上时，其他物体的局部颜色会发生一定的变化，这种由于光的反射作用而发生改变的色彩叫作环境色。简单地说，环境色就是物体与环境之间颜色相互作用而产生变化的色彩。就静物写生而言，物体所在的“环境”不是单方面代表静物中的衬布，只要能对物体颜色产生变化的、发生反射作用的物体色彩都属于环境因素，衬布与物体之间的色彩是相互影响的，衬布上的物体同样属于衬布的环境因素。因此，在写生中我们要观察和考虑衬布颜色与物体颜色间相互作用而带来的色彩变化。光的反射与吸收是同时存在的，这主要取决于物体本身的明度与质感，明度高、表面质地光滑的物体对光的吸收量少而反射量较多；明度低、表面质地粗糙的物体对光的吸收量多而反射量较少。这个规律决定了环境色有强有弱，较强的环境色可以明显地被感知，而较弱的环境色有时不容易被感知，但无论环境色强与弱，在我们作画时要根据画面的实际需要来适度地表现环境色，有时需要夸张地表现，有时又需要削弱地表现，目的是让画面更为和谐与完美（图 4.2–3）。

（3）固有色

物体本身所固有的颜色叫作固有色。光源色和环境色都是受到相关因素影响而形成的颜色，它们分别受到光和环境的影响，这些色彩的变化一般体现在物体的固定区域，而固有色的存在也有其具体的位置，这个位置不受光与环境的影响，或影响很小，通过观察我们可以发现这个区域就是物体亮部与暗部交界并偏向于亮部的位置（图 4.2–4）。固有色反映出物体本身颜色的色相、明度与纯度的客观状态，很多情况下它在一个物体上多处存在，这是由物体的结构决定的。

光源色、环境色和固有色构成了物体的基本颜色，三者在物体上所处的位置不同，它们的明度、纯度和冷暖也各有不同。不同明度、纯度及冷暖的色彩依附在物体表面，随着丰富的明暗层次而变化，也必然会形成丰富的色彩层次，所以物体的基本色彩只是给我们提供了组成物体色彩的基本框架，在具体绘画中，物体各部分色彩中还存在着更多、更丰富的变化需要我们去表现，在表现中既有客观再现，又有主观升华（图 4.2–5）。

图 4.2–3　环境色（左）
图 4.2–4　固有色（右）

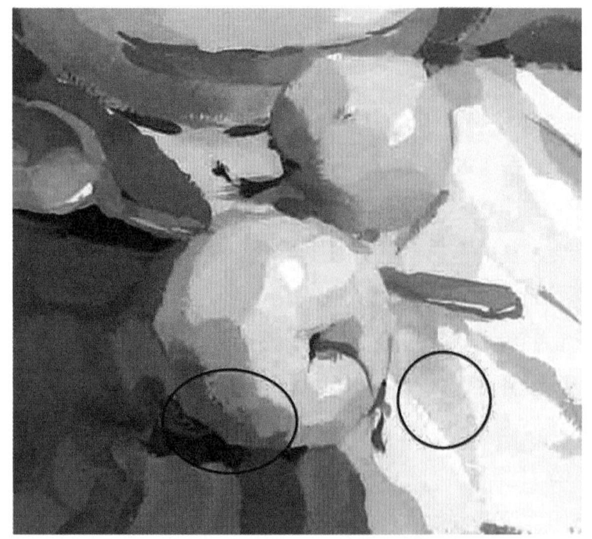

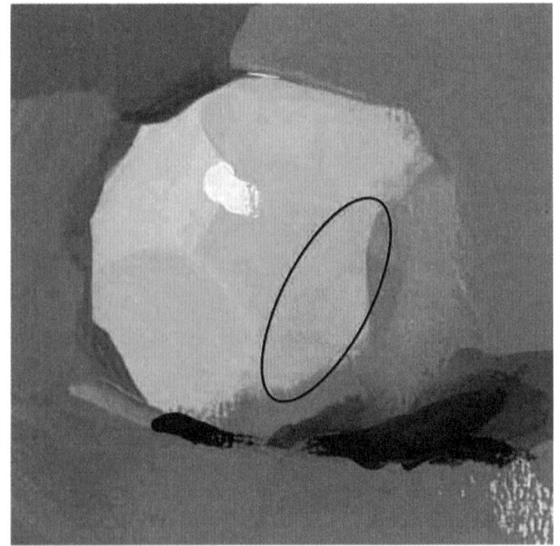

图 4.2-5　物体基本颜色的变化

2. 物体基本颜色的表现方法

（1）固有色的表现

固有色的表现主要靠观察，作画时要仔细观察明暗交界线附近、靠近受光方向的区域，尤其是其明度与冷暖，固有色的明度与冷暖介于光源色与物体暗部颜色之间 [图 4.2-6（*a*）]。

（2）光源色的表现

在一般情况下，我们首先要判断光源颜色的属性，即光源颜色是冷还是暖，同时还要确定光的色彩倾向，然后将一定量的光的色彩调入固有色中，再把调出的新的色彩提亮一些就是物体的光源色。在调和光源色的过程中要注意一项基本的原则，即在改变固有色冷暖的时候不能改变固有色彩的基本倾向，尤其是遇到固有色比较纯的物体时，应该保证其纯度不能明显降低。很多时候为了保持颜色的纯度，甚至在光源色中无需加入光的

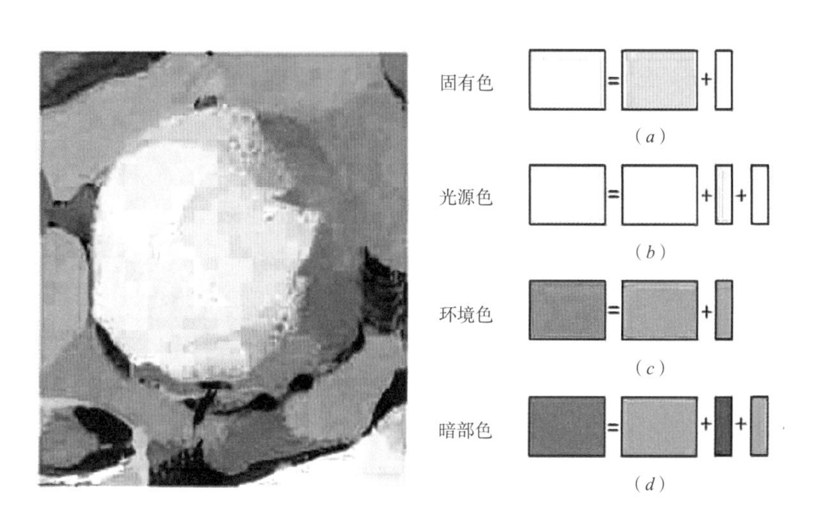

图 4.2-6　物体基本颜色的表现

颜色，而是直接选用一种比固有色冷或暖的同类色，并将其明度提高作为光源色即可［图 4.2–6（*b*）］。

（3）环境色的表现

环境色往往出现在物体暗部或受光源影响较弱的地方，一般是在物体暗部颜色中调入一定量的被反射物体的颜色，就形成了环境色。衬布上有时也会出现环境色，当衬布颜色较浅且衬布上摆放的物体颜色比较鲜艳时，物体的色彩就会被反射到衬布上，形成环境色，这种情况下环境色仍然按照常规的方法进行调配。环境色的强弱受到物体本身色彩明度、纯度及被反射的颜色明度与纯度的影响，我们在写生中通过不断观察与总结就会掌握环境色强弱的表现方法［图 4.2–6（*c*）］。另外要注意一点，环境对物体暗部的影响不是全部的，暗部色彩还存在自身的冷暖倾向［图 4.2–6（*d*）］。

3. 色彩关系

任何一幅色彩画面都是由丰富的色彩组成的，在丰富的色彩之间存在着色相、明度、纯度、冷暖之间错综复杂的影响与制约关系，这种关系决定和影响着画面效果。画面在统一中又富有变化，在协调中又不失对比，同时又有主观服从客观、局部服从整体的关系，这些关系归纳起来就是色彩关系。色彩关系主要包括素描关系、冷暖关系。色彩关系直接影响着画面效果，是画好色彩画的关键因素。我们要经过不断的绘画实践积累与总结才能将色彩关系真正把握，学习中要以色彩知识为指导，通过大量的色彩写生和临摹等手段积累经验，最终掌握色彩绘画的实质。

（1）素描关系

画面物体的形态、体积与空间关系属于素描关系。在学习色彩绘画之前我们已经掌握了素描的绘画手段与表现形式，素描是单色的、具有空间效果的绘画形式，而色彩绘画是彩色的、具有空间效果的绘画形式，它们共同的因素是“空间效果”，这种“空间效果”是表现物体客观性的重要因素，也是如实描绘物象客观效果的基本条件之一，因此素描关系是色彩绘画的前提关系，没有素描关系的绘画是平面的、不客观的、没有真实感的。

色彩绘画要遵循素描中的基本法则与规律，比如：透视、虚实、明暗、整体关系等。通常素描中表现物体的体积与空间要运用“三大面”“五大调子”的明暗因素，在色彩中也同样要运用这些因素，只是在明暗的表现形式上有所区别，在色彩中明暗层次往往是通过不同明度的“色块”来实现的（图 4.2–7），一般色彩写生中对单个物体地刻画由亮到暗所分成的若干色阶不一定像素描中那么丰富，也不一定像素描中对比那么强烈，这是由色彩的表现形式和色彩的视觉特性决定的，但是要求画者要尽力地依据客观效果调出多层次明暗色阶来表现物体的真实感。一般对

图4.2-7　素描关系

于素描造型能力较强的画者来说，经过少量练习也会比较准确地把握色彩画面的素描关系。在画面整体素描关系上，要准确把握写生对象中物体间的明度对比关系；在画面的虚实关系上依据的基本原则仍然是“近实远虚”，将物体“虚化”处理有以下几种方法（图4.2-8）：

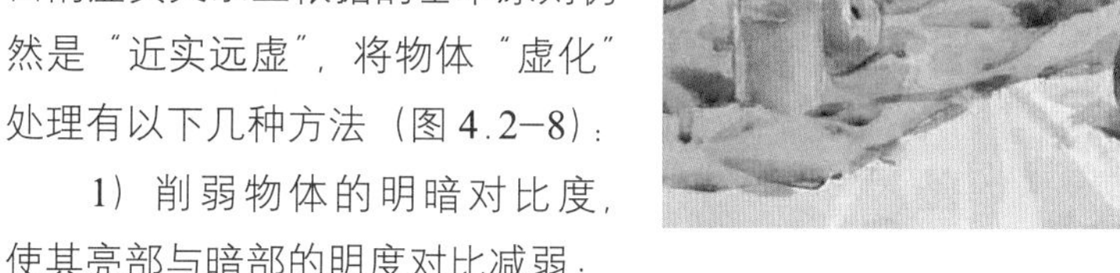

图4.2-8　虚化处理

1）削弱物体的明暗对比度，使其亮部与暗部的明度对比减弱；

2）削弱物体边缘线，将物体的外轮廓线处理得松弛、模糊；

3）对于纯度较高的物体需要对明暗对比度、轮廓线削弱的同时，将纯度也降低。

色彩绘画中的素描关系是与其他关系同时建立起来的，比单纯的素描绘画更难于表现，画者要学会观察，做到心中有数，有的放矢。

（2）冷暖关系

冷暖关系在色彩绘画中具有相当重要的作用，是色彩的灵魂所在。冷暖关系包含单体冷暖关系与整体冷暖关系。本单元主要介绍能够支撑单体静物色彩表现的单体冷暖关系。

在光的照射下，物体的受光面与背光面色彩冷暖发生相对的、有规律性的变化，这种受光面与背光面的色彩冷暖对比关系就是单体冷暖关系。

光色的冷暖对色彩的变化起着非常重要的作用。在暖色光线照射下，物体色彩变化的规律为“受光暖”“背光冷”；在冷色光线下的物体，物体色彩变化的规律为“受光冷”“背光暖”（图4.2-9）。受光面与背光面之间的冷暖变化是宏观的、主要的变化，而在受光面与背光面各自的区域内随着明暗层次的变化也有微妙的冷暖变化，也就是说亮部区域内有冷暖变

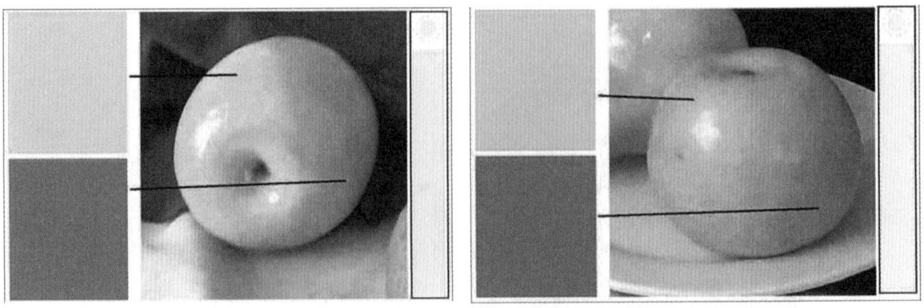

图 4.2-9　不同光色下的冷暖对比

图 4.2-10　丰富的色彩变化

化，暗部区域内也有冷暖变化。这些区域内的不同冷暖的色彩必须服从于这个区域内的总体明度要求、纯度要求和色相要求。图 4.2-10 中罐子与酒瓶的整体亮部色彩与暗部相比是冷的，而在亮部区域的各块颜色又有微妙的冷暖差别；同样，暗部色彩与亮部相比是暖的，而暗部区域内的各块颜色都是有冷暖区别的。由此可见，冷暖变化几乎无处不在，既有宏观的，又有微观的，既有明显的，又有微妙的。如此多的冷暖变化让画面色彩变得丰富、生动又有表现力，可见色彩的冷暖关系在绘画中的重要性。我们在学习和实践中必须尽力丰富画面中色彩的冷暖，让更多的、可行的、合理的色彩出现于画面中，使画面色彩更加生动、有力。

色彩学习中我们经常通过观察来获得一些色彩信息，但不是所有颜色都是要依靠观察来获得的。有时候完全客观地表现某个物体的冷暖关系会显得色彩效果平淡，缺乏表现力，在这种情况下我们可以将冷暖适度地夸张表现。比如让暖的区域更暖一些，或让冷的区域再冷一些，可以让色彩表现力增强。有时候，在物体上有些微妙的冷暖变化是不容易被观察到的或用肉眼难以区分的，但它们却又客观存在，这种情况下我们也可以夸张一点表现出物体色彩的冷暖变化，但注意夸张要适度，夸张的目的是让色彩更具有真实感，避免出现“失真”的效果。

对于一组静物而言，画面所有色彩的冷暖对比与协调关系是冷暖关系的第二层含义，简称整体冷暖关系。整体冷暖关系对色彩静物写生具有重要的指导作用，这部分内容将在水彩静物写生任务中做具体阐述。

审美与素养拓展

中国传统绘画的色彩观

我们形容色彩丰富经常用“五色斑斓”“五彩缤纷”“五光十色”等成语，这与中国传统的色彩观——“五色观”有着密切的联系。中国传统五色有青、红、白、黑、黄，五色及其色彩体系用今天的色彩学分析，都是高级的、成熟的色彩体系，是中国传统绘画独有的色彩体系，体现出先人对色彩的高深理解，也反映出中国传统绘画深厚的历史文化积淀。

《周礼》冬官考工记第六曰：“画缋之事，杂五色。东方谓之青，南方谓之赤，西方谓之白，北方谓之黑。天谓之玄，地谓之黄。青与白相次也，赤与黑相次也，玄与黄相次也。青与赤谓之文，赤与白谓之章，白与黑谓之黼，黑与青谓之黻，五彩备谓之绣。土以黄，其象方天时变。火以圜，山以章，水以龙，鸟兽蛇。杂四时五色之位以章之，谓之巧。凡画缋之事后素功。”

上文译释：绘画的事，调配五色。象征东方叫作青色，象征南方叫作赤色，象征西方叫作白色，象征北方叫作黑色，象征天叫作玄色，象征地叫作黄色。青与白是顺次排列的两种颜色，赤与黑是顺次排列的两种颜色，玄与黄是顺次排列的两种颜色。青色与赤色相配叫作文，赤色与白色相配叫作章，白色与黑色相配叫作黼，黑色与青色相配叫作黻，五彩具备叫作绣。画土地用黄色，它的形象画作四方形。画天依照四季的变化用色。画火用圆环作为象征，画山用獐作为象征，画水用龙作为象征，还画有鸟、兽、蛇等。调配好象征四季的五色的着色部位以使色彩鲜明，叫作技巧。凡绘画，最后才着白色。

由此可见，五色不仅是色彩的基础理论，其中蕴还含着古人与天地万物和谐相处的哲学思想。五色与五行相通，也可称为五行之色，黑与白为色之极，为水墨画奠定了色彩理论根底，“黼黻文章”最初指五色衍生的高级间色，又衍生为古代礼服上所绣的色彩绚丽的花纹，后来泛指华美鲜艳的色彩，成为美的标准，荀子曰：“故赠人以言，重于金石珠玉；劝人以言，美于黼黻文章”这里以黼黻文章作为美的比拟，无疑证明了五色之美的价值。

课中（实践）

4.2.2 单体静物水彩表现实践（表 4.2–3）

水彩单体罐子的表现步骤

任务 2　单体静物水彩表现任务书　　表 4.2–3

<table>
<tr><th>序号</th><th>任务内容</th><th>完成时间（分钟）</th><th>要求</th><th>工具</th><th colspan="2">评价标准（100 分）</th></tr>
<tr><td rowspan="3">1</td><td rowspan="3">水彩单体罐子表现（图 4.2–11）</td><td rowspan="3">50</td><td rowspan="5">1. 素描关系明确，体积感强；
2. 冷暖关系明确、和谐；
3. 能控制好水分，基本掌握水彩技法；
4. 在规定时间内完成</td><td rowspan="5">1. 4 开画板；
2. 4 开水彩纸；
3. 水彩颜料、颜料盒、调色盘、水彩画笔、涮笔筒、抹布；
4. HB 铅笔、绘画橡皮</td><td>素描关系</td><td>30 分</td></tr>
<tr><td>冷暖关系</td><td>30 分</td></tr>
<tr><td>技法</td><td>10 分</td></tr>
<tr><td rowspan="2">2</td><td rowspan="2">水彩单体苹果表现（图 4.2–17）</td><td rowspan="2">40</td><td>学习态度</td><td>10 分</td></tr>
<tr><td>完成情况</td><td>20 分</td></tr>
</table>

1. 水彩单体罐子的表现步骤

（1）起稿

用铅笔画出罐子（图 4.2–11）的轮廓、基本结构及明暗交界线（图 4.2–12）。

（2）铺大色

1）用大号的画笔，从铺罐子亮部开始画起，要把高光留好，用稍冷、偏紫的灰色大面积铺出亮部色彩，涂色区域不要局限在亮部，要扩展到暗

图 4.2–11　表现对象（左）
图 4.2–12　起稿（右）

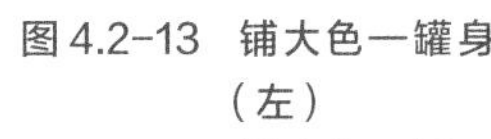
图 4.2-13　铺大色一罐身（左）
图 4.2-14　铺大色一罐口（右）

部区域。然后趁湿覆盖其他层次色彩，暗部注意环境色的表现。罐子主体部分色彩铺完后先不要着急画罐口，因为之前的颜色还没有干，这时画罐口会导致颜色向下扩散，破坏罐口的结构（图 4.2–13）。

2）待主体部分颜色基本蒸干时，再将罐口表现出来（图 4.2–14）。

3）铺出背景颜色，可用湿画法，也可平涂，要有一定的冷暖变化。

4）铺出衬布颜色，从亮部开始画起，趁湿画其他层次。此时只建立基本的明暗和冷暖关系，画出衬布基本色彩变化即可（图 4.2–15）。

（3）深入刻画

1）丰富罐子色彩层次，增加细节表现。

2）适当增加衬布的变化。

（4）完成

深入刻画后，若有不和谐的地方，可做适度调整，然后结束刻画（图 4.2–16）。

2. 水彩单体苹果的表现步骤

（1）起稿

用铅笔画出苹果（图 4.2–17）的轮廓、基本结构及明暗交界线（图 4.2–18）。

（2）铺大色

从苹果亮部开始画起，大面积铺出亮部色彩，颜色然后趁湿衔接其他层次色彩。注意苹果与所在环境颜色的对比关系，适度将衬布中调入一些

水彩单体苹果的表现步骤

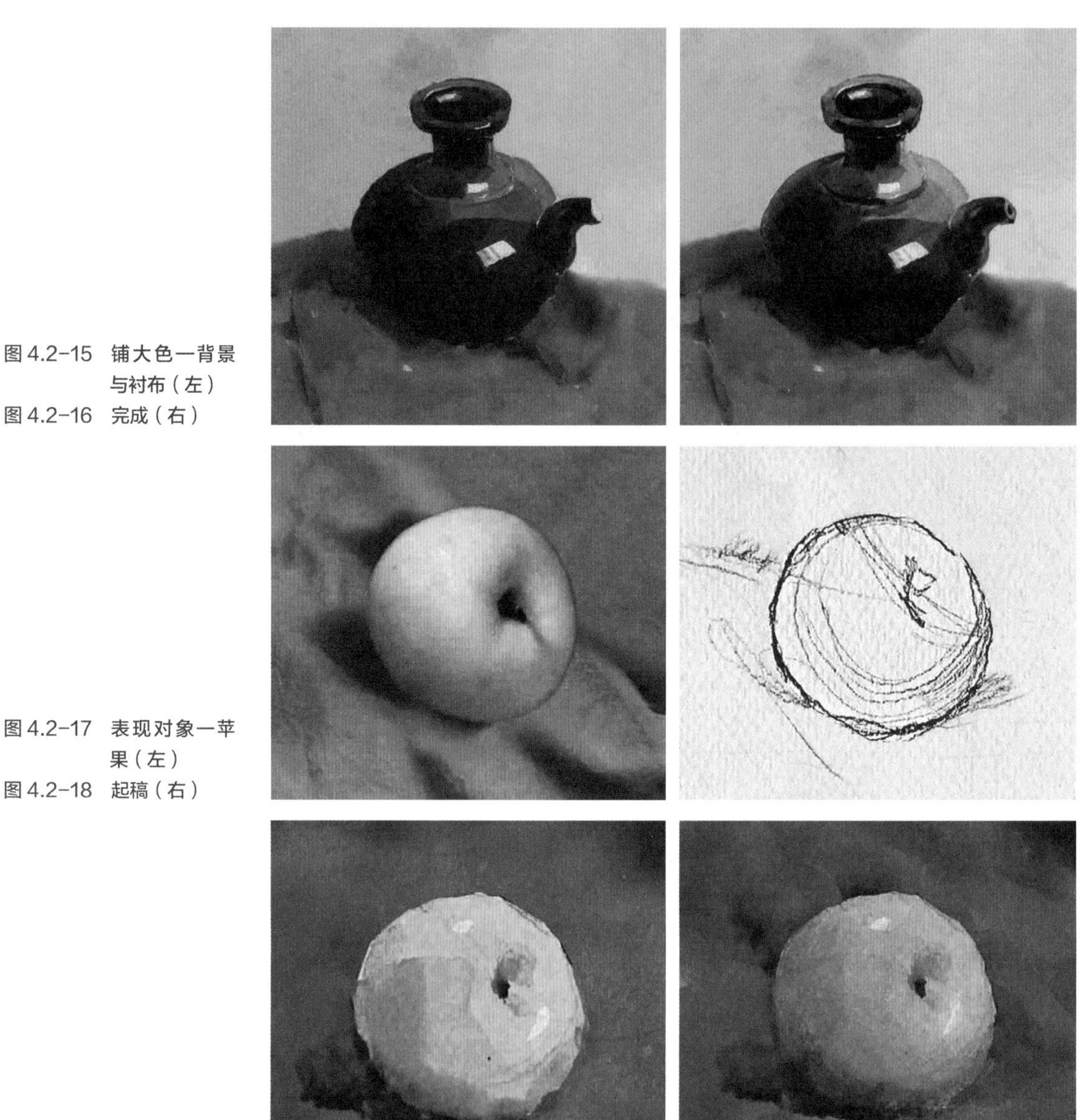

图 4.2-15　铺大色—背景与衬布（左）
图 4.2-16　完成（右）

图 4.2-17　表现对象—苹果（左）
图 4.2-18　起稿（右）

图 4.2-19　铺大色（左）
图 4.2-20　完成（右）

黄色，使二者更加协调。苹果坑的暗部色彩，要等其周围颜色干了之后再画（图 4.2-19）。

（3）深入刻画

丰富苹果各部分明暗及色彩层次，增加细节。

（4）完成

适度调整局部色彩，然后结束刻画（图 4.2-20）。

课后（拓展）

4.2.3　单体静物水彩画临摹实践与知识测试（表 4.2–4）

课后拓展说明与要求　　表 4.2–4

<table>
<tr><th>序号</th><th>拓展内容</th><th>完成时间（分钟）</th><th>要求</th><th>工具</th><th colspan="2">评价标准（100 分）</th></tr>
<tr><td rowspan="3">1</td><td rowspan="3">水彩罐子临摹（图 4.2–21）</td><td rowspan="3">30</td><td rowspan="5">1. 素描关系明确，体积感强；
2. 冷暖关系明确、和谐；
3. 能控制好水分，基本掌握水彩技法；
4. 在规定时间内完成</td><td rowspan="5">1.4 开画板；
2.4 开水彩纸；
3. 水彩颜料、颜料盒、调色盘、水彩画笔、涮笔筒、抹布；
4.HB 铅笔、绘画橡皮</td><td>素描关系</td><td>30 分</td></tr>
<tr><td>冷暖关系</td><td>30 分</td></tr>
<tr><td>技法</td><td>10 分</td></tr>
<tr><td rowspan="2">2</td><td rowspan="2">水彩苹果临摹（图 4.2–22）</td><td rowspan="2">30</td><td>学习态度</td><td>5 分</td></tr>
<tr><td>完成情况</td><td>20 分</td></tr>
<tr><td>3</td><td>任务 2 测试题</td><td>10</td><td>按时完成任务 2 的 10 道知识测试题，允许对照答案</td><td>手机或电脑</td><td>答题情况</td><td>5 分</td></tr>
</table>

1. 单体罐子水彩画临摹（图 4.2–21）
2. 单体苹果水彩画临摹（图 4.2–22）
3. 任务 2 测试题

扫描二维码答题。

任务 2 测试题

图 4.2–21　水彩罐子作品

图 4.2–22　水彩苹果作品

4.3 任务 3 水彩静物写生（一）

水彩静物写生是以静物为描绘对象的水彩画表现方式。水彩静物写生是色彩造型训练的主要内容，是提高色彩造型能力的主要途径，该组任务实践过程中要关注形体、色彩和光的内在联系，让我们进一步理解色彩关系，并掌握水彩画技法。课前要做好相关的准备工作，保证课中够顺利进行实践（表 4.3−1、表 4.3−2）。

学习目标与过程 **表 4.3−1**

学时	能力目标	知识目标	素质目标	学习过程
4	能够运用水彩基本技法建立基本的素描关系和冷暖关系，具备基本的水彩静物造型能力	1. 理解整体色彩关系、色彩的协调与对比方法； 2. 基本掌握水彩画技法； 3. 基本掌握水彩静物的表现方法	1. 提高审美与艺术鉴赏能力； 2. 传承革命精神，树立家国情怀	1. 课前 （1）预习 4.3.1 中的知识与方法； （2）准备相关工具和材料 2. 课中 完成水彩静物写生实践 3. 课后 完成水彩静物临摹作业与测试题

任务导读与要求 **表 4.3−2**

任务描述	任务分析	相关知识与方法	重难点	实施步骤与要求
任务 3 写生对象是以罐子和水果为主的简单静物组合。通过该组写生实践初步掌握静物写生的方法。学生要在要求的时间内完成课前、课中与课后的学习任务	1. 该组静物中土红色衬布、黄色水果及背景颜色都倾向于暖色，比较容易协调，应注意明度对比、纯度对比及单体冷暖关系的准确性； 2. 该组静物中的黄绿色水果与衬布色彩对比较强，应注意协调	1. 色彩关系； 2. 色彩的协调与对比； 3. 水彩静物写生的方法与步骤	1. 色彩关系； 2. 水彩静物写生的方法与步骤	1. 课前 （1）预习 4.3.1 知识与方法； （2）准备好色彩工具与材料、裱纸； （3）认真听取老师答疑 2. 课中 （1）汇报预习情况； （2）认真听取老师对重点问题的讲解； （3）认真观看老师任务示范； （4）完成色彩写生实践 3. 课后 （1）完成测试题； （2）完成水彩静物临摹作业

课前（预习）

整体冷暖关系

4.3.1　知识与方法

1. 整体冷暖关系

整体冷暖关系是指画面所有色彩的冷暖协调与对比关系，就是画面中冷色块与暖色块之间的协调与对比关系。协调与对比的结果是让不同冷暖色和谐统一的同时，保持各自的相对特征。绘画中一般以建立冷暖色调的方式协调画面中的冷暖色块，那么色调是如何建立的呢？

建立色调具有一定的主观性，是通过将客观色彩进行一定的主观调整而实现的。这种主观必须服从客观色的基本特征，比如色相、纯度、明度等，因为协调的同时必须保持对比，没有对比，画面就失去了基本的视觉效果。建立色调的方法是将画面所有色彩中调入共同的某种冷色或暖色，使画面整体倾向发生统一的变化。当画面所有色彩都调入某些暖色时，画面就会向着暖调方向发展（图 4.3–1）；同理，统一加入冷色时，画面相对倾向于冷色调（图 4.3–2）。

图 4.3–1　暖色调（左）
图 4.3–2　冷色调（右）

图 4.3–1 与图 4.3–2 是同一组静物两种色调的画面，画面基本色彩由红、黄、蓝、绿色组成，经过不同的色调的处理后，画面不仅和谐统一，在对比效果上更具美感和情调。图 4.3–1 中，所有颜色都含有不同程度的黄色与红色，这样就使得整体画面倾向于暖色调；图 4.3–2 中，所有颜色都含有青蓝色，使得画面形成冷色调，其中冷黄色的百合、青绿色的叶子都与紫红色的背景含有互补色因素，但视觉上并没有丝毫的排斥感，对比效果明快。

色彩的协调与对比

2. 色彩的协调与对比

一幅画面中，存在着既对立又统一的关系，这种关系就是色彩的协调与对比关系。色彩对比要建立在色彩协调的基础上，色彩协调也要保持基本的色彩对比关系。除整体冷暖关系外，在绘画中色彩的协调与对比还包括纯度、明度、色相等方面的因素。一幅画面如果只强调协调，忽略对比，画面则会产生单调、乏味、平淡、死气和不实之感；若只强调对比，忽略协调，就会失去和谐、统一的局面，给人以强烈的刺激感。因此，处理画面关系时要善于提高主观处理画面关系的能力，尽量处理好色彩的协调与对比关系。

在绘画中，色彩协调没有统一的标准，而是根据视觉经验和主观意愿来决定的。色彩的协调是色相、明度、纯度、冷暖等共同进行的协调。色彩的对比指画面中色彩的纯度、明度、色相、冷暖等在和谐、统一的基础上保持各自明确的特征而形成的比较关系。一幅画面是由不同明度、纯度及冷暖的色相构成的，这些不同的元素是色彩的对比因素，是使画面呈现丰富变化、产生美感的基本条件，因此色彩的对比是画面不可缺少的、重要的色彩关系。

（1）色相的协调与对比

两种以上色彩组合后，由于色相差别而形成的色彩对比效果称为色相对比。色相对比的强度取决于色相之间在色相环上的距离（角度），距离越小对比越弱，越容易协调，反之对比越强，越不容易协调。一般画面色相的组合通常会有几种情况：同类色相组合、邻近色相组合、对比色相和互补色相组合。

色相协调与对比的方法如下：

同类色相与邻近色相对比都不强烈，容易协调；对比色相在色相环上距离相隔距离较大，色彩反差较大，如黄与蓝、蓝与红等，它们的对比较强，不容易协调；互补色是色相环上处在180°角的每一对颜色，是最强的色相对比，如红与绿、黄与紫、蓝与橙，协调难度更大（图 4.3–3）。

图4.3–3　色相环

协调对比色的基本方法是根据画面色调，将对比双方调入共同主调的色彩，让它们都含有共同的色素，达成统一。比如某画面主色调是倾向于蓝色的冷调，画面中有蓝色衬布、红色物体和暖黄色物体，很显然红色物体与黄色物体与蓝色衬布对比会很强，这时需要把红色与黄色物体中调入一定的蓝色或较冷的绿色，即可达到和谐（图 4.3–4）。在进行对比色协调时要保持被调整色彩的原有倾向不变，比如一种红色经过协调后只能是另一种红色，不可以变成红以外的其他色彩，因为色彩协调的前提是不改变原色彩的基本特征。

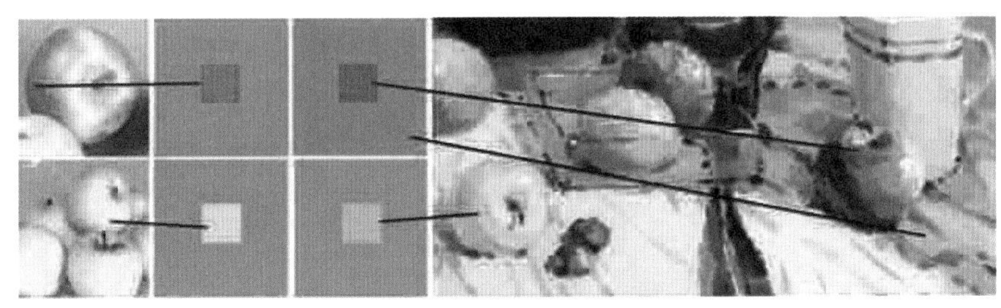

图4.3–4　对比色的协调

互补色协调的基本方法是将互补色双方同时不同程度地混入同一种冷色或暖色，或混入主色调的颜色，让它们含有共同的色彩成分，也可以同时混入互补色对方，但这会降低双方的纯度，要根据画面的具体情况来定。注意混入色量的多少对纯度、明度的影响（图 4.3–5）。

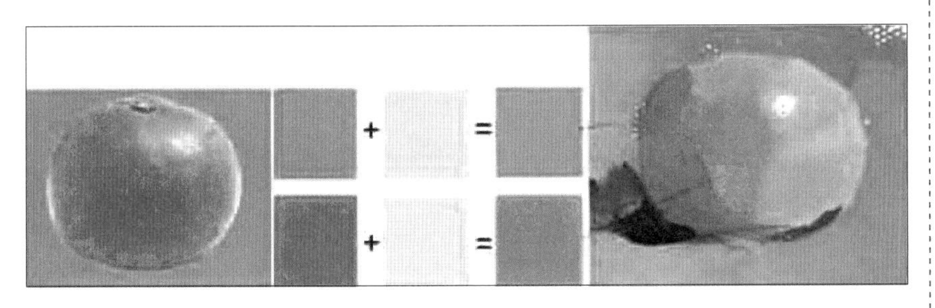

图4.3–5　补色的协调

（2）明度的协调与对比

明度对比是指色彩明暗程度的对比，也称色彩的黑白关系。每个画面都是由不同明度的物体组成的，这就需要准确的区分写生对象的明度差异和准确把握画面黑白灰关系，否则就会造成画面明度层次单一、雷同、呆板、生硬等效果。

明度协调与对比的方法如下：

一般写生时要按照客观的明度差异表现画面，若提高或降低明度差异都会让画面效果发生改变。图 4.3–6 中黄色衬布和白色衬布明度最高，水果及杯子的明度次之，罐子、酒瓶明度较低，蓝灰色衬布明度最低，这样

图4.3-6 明度的协调

由前到后、由亮到暗的明度分布使整体画面产生强烈的层次感和空间感。罐子后面的水果明度被主观降低且亮部与暗部明度对比减弱，削弱了它与蓝灰色衬布的对比强度，使其没有从后面"跳出来"，同时蓝灰色衬布的立面也被有意地降低了明度和明暗对比强度，从而增强了画面的空间感。后面明度较高的书本与前面明度较高的物体得到了呼应，没有使画面出现沉闷感，同时书本与明度较低的酒瓶形成了鲜明的对比，再次增强了画面的空间感。

无论增强明度对比还是削弱明度对比都应该建立在协调的基础上，不能过分主观化，否则画面将出现极端的不和谐或不明朗的对比效果（图4.3-7）。

(*a*)

(*b*)

图4.3-7 极端的明度对比
(*a*) 明度对比太强；
(*b*) 明度对比太弱

（3）纯度协调与对比

作画时，我们常发现画面中有些色彩特别活跃，好像就要从画面中"跳出来"一样，这是因为这种色彩的纯度很高，并与其周围的色彩对比过强。有时也会发现画面过于朴素和平淡，缺乏生气，这是因为画面某些颜色的纯度太低造成的现象。画面纯度对比把握不好会直接影响到画面效果。

纯度协调与对比的方法如下：

当小面积纯度高的颜色遇到大面积纯度低的颜色时，将纯度高的色彩纯度适当降低，在其周围的低纯度颜色中多调入一些环境色（图4.3-8）；当小面积纯度低的颜色遇到大面积纯度高的对比色或补色时，要将高纯度颜色纯度都降低一些，同时在小面积纯度低的颜色中适当提高环境色的强

图 4.3-8　灰度对比（左）
图 4.3-9　纯灰布局（右）

度；当高纯度物体与高纯度对比色或互补色环境相遇时，则需同时降低双方纯度。

一般纯度高的色彩会有向前跳跃的感觉，纯度低的色彩会有向后退缩的感觉。利用这一特性可以使画面空间感增强。当画面出现多个点是高纯度色彩时，要根据这些高纯度点的空间位置关系来处理纯度对比，基本原则是“中纯外灰”“近纯远灰”。“中纯外灰”是指当视觉中心与外围有相同纯度的色彩出现时，要保证视觉中心色彩的纯度高，外围色彩的纯度低一些；“近纯远灰”指当静物空间前后有同纯度色彩出现时，要将近处的物体画得纯一些，远处的物体画得略灰一些。这样就会使画面变得有秩序感，不会花乱，会增强画面空间感（图 4.3-9）。

图 4.3-9 画面上被方框圈中的位置是该画的视觉中心，视觉中心内 a、b、c 处水果纯度均比方框以外的标有相同字母的水果纯度高，这就是典型的“中纯外灰”“近纯远灰”处理方法，这样可以使画面主体更为突出，整体空间感更强。

审美与素养拓展

冷暖色调与思想内涵

在艺术创作中不同的色调会创造出不同的审美体会与意境，色调有着与心理学相关的象征寓意和情感特征，能够感染观者内心，从而产生思想与情感碰撞。

油画《红烛颂》是著名画家闻立鹏于 1979 年为了纪念父亲闻一

多先生而创作的经典作品（图 4.3-10）。画面以红色为基调，给人以一种激昂、悲怆之感。红色代表着鲜血，也代表着生生不息的革命激情，在情感上构建了热烈之中的悲怆氛围。表达了作者对父亲闻一多的崇敬与思念之情，以及歌颂闻一多先生为民族独立和解放所表现出来的大无畏的牺牲精神。作品背景中的蜡烛与火焰的造型被不断地放大、重叠及扩展，视觉上具有一种澎湃的涌动之感和燎原之势，代表着那个年代许许多多的与闻一多先生一样的仁人志士，为国为民、慷慨赴义、勇于牺牲的革命精神。红色调在《红烛颂》中的运用，非常深刻地反映出了画面的思想内涵，观者会情不自禁的感怀那段历史，再对比今天的幸福生活，定会感触甚深。

图 4.3-10　油画《红烛颂》，闻立鹏

3. 水彩静物写生方法与步骤

初学者练习水彩画一般要遵循先画亮色、后画暗色，从上到下、从左到右的顺序进行着色，按照先整体、后局部的方法刻画，这样有利于顺利地完成一幅水彩画面。

（1）起稿

用 HB~2B 铅笔根据静物构图（图 4.3-11），将物体轮廓、明暗交界线及基本结构以线条的形式在水彩纸上表现出来，注意构图的均衡与铅色的控制（图 4.3-12）。

水彩静物写生方法与步骤（上）

（2）着色（铺大色）

先铺出画面大体颜色，为画面建立整体关系。铺大色时要讲究铺色的顺序。先从画面最后面的背景即空间中的最远处画起，用大号的画笔或板刷调出大量的背景色彩涂于指定位置。涂色时注意色彩的明度变化和冷暖变化，用笔要果断，衔接要及时（图 4.3-13）。画物体时，先从颜色最重

水彩静物写生方法与步骤（下）

图 4.3-11　色彩静物写生对象（左）
图 4.3-12　起稿（右）

的物体开始画起，然后画纯度比较高的物体，最后画纯度较低、明度较高的物体。

1）罐子与酒瓶

从罐子亮部开始大面积着色，注意光源色与固有色的关系，亮部色彩要相对冷一些，在固有色中少量调入蓝色或紫色。接着趁湿画出其他层次颜色，最后画最重的颜色，调重色时水分要少，颜料含量要高一些，注意罐子背光处环境色的表现尺度。待与罐子口相邻的颜色已干时再画罐子口

图 4.3-13　铺大色—背景（左）
图 4.3-14　铺大色—罐子（右）

图 4.3-15 铺大色—书本（左）
图 4.3-16 铺大色—果盘（右）

的颜色，防止产生湿接效果，此时可以画酒瓶的颜色。画酒瓶与画罐子的方法是一样的，可尽量采用湿画法一气呵成。由于此时颜色未干，商标的颜色稍后再画（图 4.3-14）。

2）书本

书本在画面中所处的位置在后方，不宜画得太实，而书本封面的人物形象及背景比较夺目，若处理不当，容易“喧宾夺主”。所以画书本封面时一定要多采用湿画法概括地画，削减其视觉上的冲击力，尤其是人物面部更要画得简洁（图 4.3-15）。

3）水果与干花

画水果一般先画纯度高的，再画纯度相对低一些的，由亮部开始向暗部着色，干画法与湿画法结合。注意 a、b 处水果与衬布为互补色，不容易协调，应主观地画得暖一些（图 4.3-16、图 4.3-17）。干花的枝叶和花朵要画得概括一些，画得太细容易影响整体的主次地位。c 处枝叶的绿色要画得暖一些，使它与衬布颜色协调（图 4.3-18）。画衬布时，仍然先从亮部开始平铺，再画暗部颜色与投影颜色，先画重色衬布后画亮色衬布（图 4.3-19）。

（3）深入刻画

对画面每个物体逐一深入刻画，对主体物进行细致描绘。深入刻画时注意有些次要物体在第二步时已经一气呵成，无需再画，如背景、书本、酒瓶等。

图 4.3-17　铺大色—水果

图 4.3-18　铺大色—干花

(4) 完成

深入刻画后要检查画面存在的不足之处，适当调整（图 4.3-20）。

图 4.3-19　铺大色—衬布

图 4.3-20　完成

课中（实践）

4.3.2　水彩静物写生实践（表 4.3–3）

任务 3　水彩静物写生（一）任务书　　　　**表 4.3–3**

<table>
<tr><th>序号</th><th>任务内容</th><th>完成时间（分钟）</th><th>要求</th><th>工具</th><th colspan="2">评价标准（100 分）</th></tr>
<tr><td rowspan="6">1</td><td rowspan="6">水彩静物写生：多个形体组合（图 4.3–21）</td><td rowspan="6">160</td><td rowspan="6">1. 色彩关系和谐，对比明确；
2. 形体明暗关系到位，空间感强；
3. 在规定时间内完成</td><td rowspan="6">1.4 开画板；
2.4 开水彩纸；
3. 水彩颜料、颜料盒、调色盘、水彩画笔、涮笔筒、抹布；
4.HB 铅笔、绘画橡皮</td><td>裱纸</td><td>5 分</td></tr>
<tr><td>工具</td><td>5 分</td></tr>
<tr><td>色彩关系</td><td>50 分</td></tr>
<tr><td>技法</td><td>20 分</td></tr>
<tr><td>完成情况</td><td>10 分</td></tr>
<tr><td>学习态度</td><td>10 分</td></tr>
</table>

写生提示：

1. 该组静物适合建立暖色调，要注意明度对比、纯度对比及补色对比关系。

2. 背景要概括，不要把它当成有形的物体刻画，尽量运用湿画法表现。

3. 整体色彩要有一定的主观性，不要完全复制客观色。

图 4.3–21　色彩写生对象

课后（拓展）

4.3.3　水彩静物临摹与知识测试（表 4.3–4）

课后拓展说明与要求　　表 4.3–4

<table>
<tr><th>序号</th><th>拓展内容</th><th>完成时间（分钟）</th><th>要求</th><th>工具</th><th colspan="2">评价标准（100 分）</th></tr>
<tr><td rowspan="6">1</td><td rowspan="6">水彩静物写生：多个形体组合（图 4.3–22）</td><td rowspan="6">120</td><td rowspan="6">1. 色彩关系和谐，对比明确；
2. 形体明暗关系到位，空间感强；
3. 在规定时间内完成</td><td rowspan="6">1.4 开画板；
2.4 开水彩纸；
3. 水彩颜料、颜料盒、调色盘、水彩画笔、涮笔筒、抹布；
4.HB 铅笔、绘画橡皮</td><td>裱纸</td><td>5 分</td></tr>
<tr><td>工具</td><td>5 分</td></tr>
<tr><td>色彩关系</td><td>40 分</td></tr>
<tr><td>技法</td><td>20 分</td></tr>
<tr><td>完成情况</td><td>10 分</td></tr>
<tr><td>学习态度</td><td>10 分</td></tr>
<tr><td>2</td><td>任务 3 测试题</td><td>10</td><td>按时完成任务 3 的 20 道知识测试题，允许对照答案</td><td>手机或电脑</td><td>答题情况</td><td>10 分</td></tr>
</table>

1. 水彩静物临摹（如图 4.3–22）

图 4.3–22　水彩静物作品

2. 任务 3 测试题

扫描二维码答题。

任务 3 测试题

4.4 任务4 水彩静物写生（二）

本次任务写生难度有所增加，写生中应注意色彩的协调方法，同时要把握好整体冷暖关系，使形体、色彩和空间达到相对和谐的状态（表4.4–1、表4.4–2）。

学习目标与过程 表4.4–1

学时	能力目标	知识目标	素质目标	学习过程
4	1. 具备运用色彩知识组织与协调画面的能力； 2. 具备分解和重组色彩画面的能力，进一步提高水彩造型能力	1. 进一步理解整体色彩关系、色彩的协调与对比方法； 2. 进一步掌握水彩画技法； 3. 进一步掌握水彩静物的表现方法	培养精益求精的工匠精神	1. 课前 预习4.4.1中的知识与方法 2. 课中 完成水彩静物写生实践 3. 课后 完成色彩的分解与重组实践与测试题

任务导读与要求 4.4–2

任务描述	任务分析	相关知识与方法	重难点	实施步骤与要求
任务4写生对象是以罐子和水果为主的多个物体组成。通过该组写生实践进一步掌握静物写生的方法。学生要在要求的时间内完成课前、课中与课后的学习任务	1. 该组静物中橙子与苹果色彩较暖，与整体环境色彩形成强烈对比，应注意色彩的协调； 2. 白色衬布明度较高，应注意整体空间关系的处理	1. 色彩关系； 2. 色彩的协调与对比； 3. 水彩静物写生的方法与步骤	1. 色彩关系； 2. 水彩静物写生的方法与步骤	1. 课前 （1）预习4.4.1知识与方法； （2）准备好色彩工具与材料、裱纸； （3）认真听取老师答疑 2. 课中 （1）汇报预习情况； （2）认真听取老师对重点问题的讲解； （3）认真观看老师任务示范； （4）完成色彩写生实践 3. 课后 （1）完成测试题； （2）完成色彩的分解与重组作业

课前（预习）

4.4.1　知识与方法

回顾 4.2.1、4.3.1 知识与方法。

课中（实践）

4.4.2　水彩静物写生实践（表 4.4–3）

任务 4　水彩静物写生（二）任务书　　表 4.4–3

<table>
<tr><th>序号</th><th>任务内容</th><th>完成时间（分钟）</th><th>要求</th><th>工具</th><th colspan="2">评价标准（100 分）</th></tr>
<tr><td rowspan="6">1</td><td rowspan="6">水彩静物写生：多个形体组合（图 4.4–1）</td><td rowspan="6">160</td><td rowspan="6">1. 色彩关系和谐，对比明确；
2. 形体明暗关系到位，空间感强；
3. 在规定时间内完成</td><td rowspan="6">1.4 开画板；
2.4 开水彩纸；
3. 水彩颜料、颜料盒、调色盘、水彩画笔、涮笔筒、抹布；
4.HB 铅笔、绘画橡皮</td><td>裱纸</td><td>5 分</td></tr>
<tr><td>工具</td><td>5 分</td></tr>
<tr><td>色彩关系</td><td>50 分</td></tr>
<tr><td>技法</td><td>20 分</td></tr>
<tr><td>完成情况</td><td>10 分</td></tr>
<tr><td>学习态度</td><td>10 分</td></tr>
</table>

写生提示：

1. 该组静物建立暖色调或冷色调均可，要注意对比色及互补色的协调方法。
2. 背景要概括，应运用湿画法表现。
3. 处理白色衬布的前后关系，同时在明度和冷暖上加以区别。

图 4.4–1　色彩写生对象

课后（拓展）

4.4.3 静物色彩的分解与重组表现（一）及知识测试（表 4.4–4）

课后拓展说明与要求 表 4.4–4

序号	拓展内容	完成时间（分钟）	要求	工具	评价标准（100 分）	
1	静物色彩分解与重组表现（一）	120	1. 按照步骤进行静物色彩分解与重组表现；2. 文字总结要围绕冷暖关系、色彩的对比与协调等逐条分析	1. 4 开画板；2. 4 开水彩纸；3. 水彩颜料、调色盘、水彩画笔、涮笔筒等；4. 铅笔、橡皮	色彩关系	50 分
					技法	20 分
					完成情况	10 分
					学习态度	10 分
2	任务 4 测试题	10	按时完成 10 道知识测试题，允许对照答案	手机或电脑	答题情况	10 分

1. 静物色彩分解与重组表现（一）

静物色彩分解与重组表现是将静物实物图片的色彩进行分解和重组，分为“色彩分解”和“色彩重组”两个步骤，具体表现如下：

（1）在水彩静物写生素材中选择一张静物照片，将照片中每个形体的色彩各提取出 5 个等级的平面色块，用水彩以由亮到暗的顺序表现出来，每个色块大小为 2cm × 3cm，观察各组色块明度、纯度、冷暖，将其统一进行协调处理，使其更加和谐统一，并再次以平面色块表现出来 [图 4.4–2（*a*）]；

静物色彩分解与重组表现（一）

（2）检查分解出的各个色块是否表现准确，适当调整；

（3）用铅笔在纸上起稿，画出物体轮廓与构图；

（4）将统一处理后的色彩添加到相应轮廓的具体位置上，运用水彩画技法表现出该组静物画 [图 4.4–2（*b*）]；

（5）用文字总结色彩静物表现中的色彩协调与对比的方法。

2. 任务 4 测试题

扫描二维码答题。

任务 4 测试题

(a)　(b)

图 4.4-2　静物色彩分解与重组的步骤及版式

(a) 色彩分解；(b) 色彩重组

4.5 任务5 水彩静物写生（三）

本次任务课中内容仍为水彩静物写生，通过写生进一步掌握水彩静物的表现方法；课下实践内容为色彩的分解与重组，通过将色彩造型表现与色彩平面表现相结合的实践方式，可以更深层次地理解静物写生中的色彩变化规律，提高色彩造型能力（表 4.5–1、表 4.5–2）。

学习目标与过程 **表 4.5–1**

学时	能力目标	知识目标	素质目标	学习过程
4	通过水彩静物写生、色彩的分解与重组实践，进一步提高水彩造型能力	1. 进一步掌握色彩关系、色彩的协调与对比方法； 2. 进一步掌握水彩静物的表现方法	培养精益求精的工匠精神	1. 课前 （1）预习 4.5.1 中的知识与方法； （2）准备相关工具和材料 2. 课中 完成水彩静物写生实践 3. 课后 完成色彩的分解与重组实践与测试题

任务导读与要求 **表 4.5–2**

任务描述	任务分析	相关知识与方法	重难点	实施步骤与要求
任务5写生对象是以罐子和水果为主的多个物体组成。通过该组写生实践进一步掌握静物写生的方法，学生要在要求的时间内完成课前、课中与课后的学习任务	1. 该组静物中罐子、水果、红灰色衬布与背景色彩形成暖调气氛。青灰色衬布相对较冷，但色彩较稳与暖色形成较为高级的对比效果，黄绿色水果与红灰色衬布都含有共同的黄色成分，较为协调，可采用客观色进行对比； 2. 该组静物色彩搭配稳重，容易协调，应加强空间效果处理	1. 色彩关系； 2. 色彩的协调与对比； 3. 水彩静物写生的方法与步骤	1. 色彩关系； 2. 水彩静物写生的方法与步骤	1. 课前 （1）预习 4.5.1 知识与方法； （2）准备好色彩工具与材料、裱纸； （3）认真听取老师答疑 2. 课中 （1）汇报预习情况； （2）认真听取老师对重点问题的讲解； （3）认真观看老师任务示范； （4）完成色彩写生实践 3. 课后 （1）完成测试题； （2）完成色彩的分解与重组作业

课前（预习）

4.5.1　知识与方法

回顾 4.3.1 知识与方法。

课中（实践）

4.5.2　水彩静物写生实践（表 4.5–3）

任务 5　水彩静物写生（三）任务书　　　　表 4.5–3

序号	任务内容	完成时间（分钟）	要求	工具	评价标准（100 分）	
1	水彩静物写生：多个形体组合（图 4.5–1）	160	1. 画面色调明确，色彩关系完善； 2. 水彩技法完善； 3. 形体刻画准确，具有真实感； 4. 在规定时间内完成	1. 4 开画板； 2. 4 开水彩纸； 3. 水彩颜料、颜料盒、调色盘、水彩画笔、涮笔筒、抹布； 4. HB 铅笔、绘画橡皮	裱纸	5 分
					工具	5 分
					色彩关系	50 分
					技法	20 分
					完成情况	10 分
					学习态度	10 分

写生提示：

1. 该组静物适合建立暖色调，要注意冷灰色衬布与暖灰色衬布的对比关系。
2. 建议背景运用湿画法表现。
3. 重色罐子的色彩要富有变化。

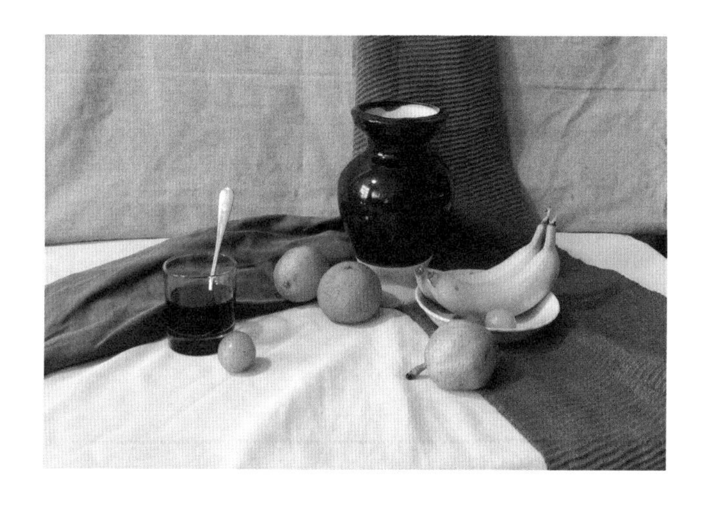

图 4.5–1　色彩写生对象

课后（拓展）

4.5.3 静物色彩的分解与重组表现（二）及知识测试（表 4.5-4）

课后拓展说明与要求　　表 4.5-4

<table>
<tr><th>序号</th><th>拓展内容</th><th>完成时间（分钟）</th><th>要求</th><th>工具</th><th colspan="2">评价标准（100 分）</th></tr>
<tr><td rowspan="4">1</td><td rowspan="4">静物色彩分解与重组表现（一）</td><td rowspan="4">120</td><td rowspan="4">1. 按照步骤进行静物色彩分解与重组表现；
2. 文字总结要围绕冷暖关系、色彩的对比与协调等逐条分析</td><td rowspan="4">1.4 开画板；
2.4 开水彩纸；
3. 水彩颜料、颜料盒、调色盘、水彩画笔、涮笔筒、抹布；
4.HB 铅笔、绘画橡皮</td><td>色彩关系</td><td>50 分</td></tr>
<tr><td>技法</td><td>20 分</td></tr>
<tr><td>完成情况</td><td>10 分</td></tr>
<tr><td>学习态度</td><td>10 分</td></tr>
<tr><td>2</td><td>任务 5 测试题</td><td>10</td><td>按时完成任务 5 的 10 道知识测试题，允许对照答案</td><td>手机或电脑</td><td>答题情况</td><td>10 分</td></tr>
</table>

1. 静物色彩分解与重组表现（二）

在“水彩静物写生素材”中选择一张静物照片，按步骤进行色彩分解与重组表现实践。

2. 任务 5 测试题

任务 5 测试题

扫描二维码答题。

水彩静物写生素材

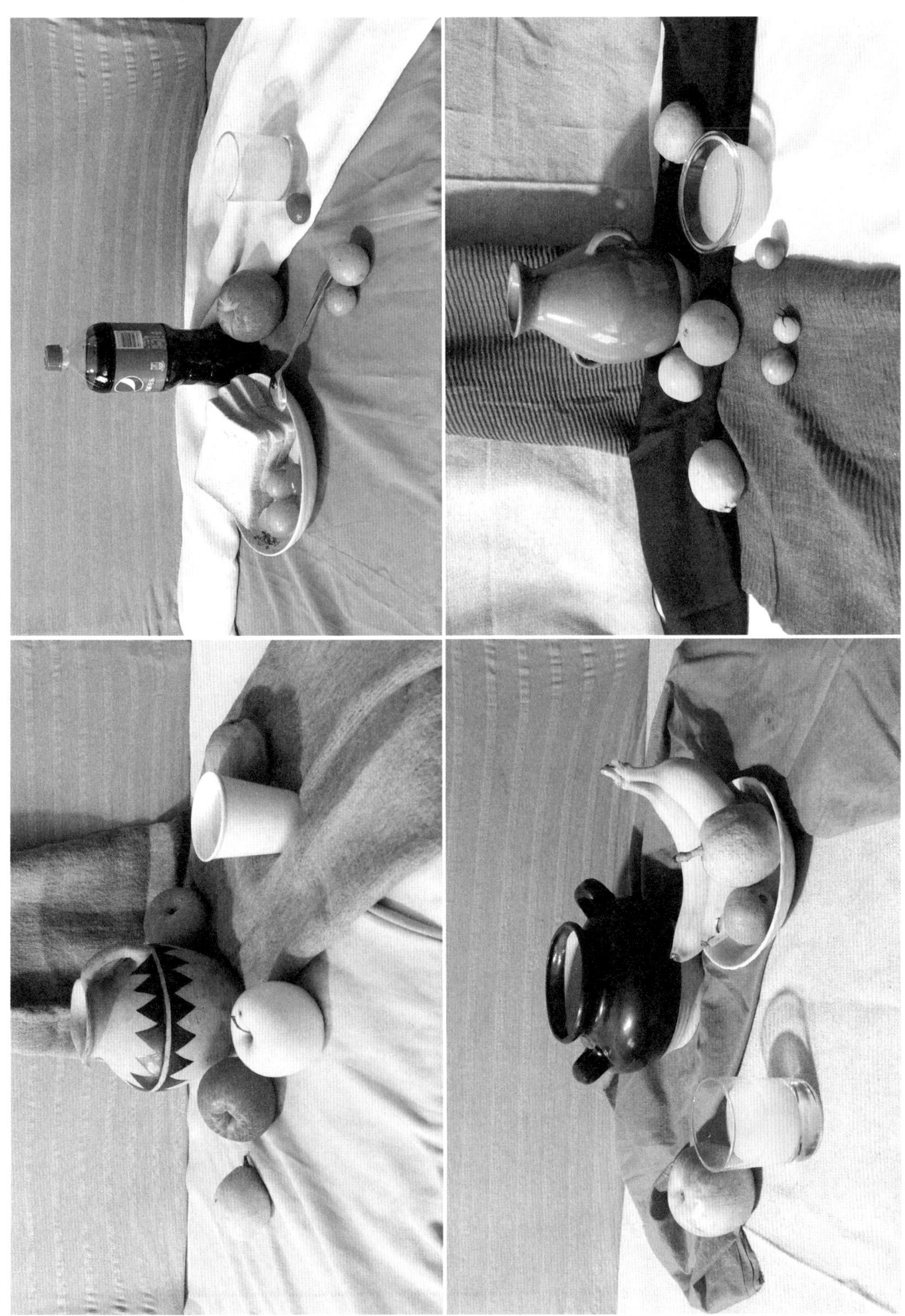

水彩静物临摹与赏析作品

LERACC

5

Mokuaiwu　Shuicai Jianzhu Jingguan Biaoxian

模块五
水彩建筑景观表现

水彩建筑景观能力概述

水彩建筑景观表现是建筑专业造型基础课程的重要实践模块，是将水彩静物表现中获得的知识、方法与能力加以运用和升华，与专业设计表现接轨的实践项目。水彩建筑景观表现的目的不仅在于“画什么”“怎么画”，更重要的是通过实践，能够举一反三，掌握观察、表现及用色的规律，达到设计表现所需要的造型能力要求。水彩建筑景观表现包括水彩建筑景观写生、临摹及建筑景观色彩的分解与重组实践，与水彩静物表现相比，水彩建筑景观中的光、色、造型及环境等均发生了变化，在写生中要通过理性地观察与分析，掌握户外光与环境的变化给物体塑造带来的影响。学习过程中不仅要认真完成课中实践，同时要重视课前与课后环节，巩固和深化对知识的理解与认识，进一步掌握水彩建筑景观画的表现方法（表 5–1）。

水彩建筑景观表现学习内容与目标　　表 5–1

任务名称	课前（预习）	课中（实践）	课后（拓展）	课中学时	达成目标
任务 1　水彩建筑景观写生（一）	1. 构图； 2. 水彩建筑景观光与色； 3. 建筑景观的色彩关系； 4. 水彩建筑景观写生的步骤	水彩建筑景观写生实践	1. 水彩建筑景观临摹； 2. 测试题	4	1. 掌握水彩建筑景观技法、构图方法、水彩建筑景观绘画步骤； 2. 具有水彩建筑景观的造型能力
任务 2　水彩建筑景观写生（二）	回顾 5.1.1 知识与方法	水彩建筑景观写生实践	1. 建筑景观色彩的分解与重组； 2. 测试题	4	

5.1　任务 1　水彩建筑景观写生（一）

水彩建筑景观写生是以建筑景观为表现对象，用水彩描绘以建筑为主体的景观色彩画面。在之前的模块中，我们通过建筑景观素描表现和水彩静物表现，已经积累了关于构图、形体、空间及色彩关系的表现方法，具备了水彩建筑景观写生的基本能力，在此基础上，我们还要对建筑景观色彩表现作更深入的学习，才能更为全面地掌握水彩建筑景观的表现方法（表 5.1–1、表 5.1–2）。

学习目标与过程　　　　**表 5.1–1**

学时	能力目标	知识目标	素质目标	学习过程
4	具备水彩建筑景观的基本造型能力	1. 理解水彩建筑景观的构图方法； 2. 掌握水彩建筑景观的技法； 3. 掌握户外光与色的变化规律及表现方法	1. 提高审美与艺术鉴赏能力； 2. 增强文化自信，热爱和传承优秀的中华传统文化	1. 课前 （1）预习 5.1.1 中的知识与方法； （2）准备相关工具和材料 2. 课中 完成水彩建筑景观写生实践 3. 课后 完成水彩建筑景观临摹作业与测试题

任务导读与要求　　　　**表 5.1–2**

任务描述	任务分析	相关知识与方法	重难点	实施步骤与要求
任务 1　水彩建筑景观写生（一）表现对象是由建筑及周围自然界配景组成的景观，通过该任务实践掌握色彩建筑景观写生的基本方法。学生要在要求的时间内完成课前、课中与课后的学习任务	1. 该组景观由建筑群、树木、天空、船、栅栏、水等多种形体组成，画面空间层次较为简单，整体呈现暖色调气氛； 2. 树和红色房子形成补色对比，应注意它们的协调与对比关系； 3. 水波纹反射出岸上的色彩较为丰富，要注意概括，避免出现喧宾夺主的现象	1. 水彩建筑景观的构图； 2. 光与色的变化； 3. 水彩建筑景观的技法； 4. 水彩建筑景观的表现方法与步骤	1. 水彩建筑景观的技法； 2. 水彩建筑景观的表现方法与步骤	1. 课前 （1）预习 5.1.1 知识与方法； （2）准备好色彩工具与材料； （3）认真听取老师答疑 2. 课中 （1）汇报预习情况； （2）认真听取老师对重点问题的讲解； （3）认真观看老师任务示范； （4）完成水彩建筑景观写生实践 3. 课后 （1）完成测试题； （2）完成水彩建筑景观临摹作业

构图、水彩建筑景观光与色、建筑景观的色彩关系

课前（预习）

5.1.1 知识与方法

1. 构图

水彩建筑景观的构图与建筑景观素描写生的构图原理相同，都是要以建筑为画面主体，对于取景中的元素要善于整理和归纳，去掉琐碎、散乱的构成元素，将写生对象中有利于画面的元素调动起来，构建和谐的画面，不能简单地复制原始景观的原始布局。融入色彩元素后可以更好地渲染画面气氛，使表现效果更为生动。在取景原则上，要坚持以建筑为主体、合理定位、合理遮挡、层次清晰、主次得当；在平衡关系上，要坚持以量感均匀、重心平稳；在节奏关系上，要坚持对比中有呼应、松紧结合、有秩序感，合理地调动主观元素为构图服务。

2. 水彩建筑景观光与色

由于建筑景观位于室外，多数情况处在被太阳光照射的状态，与水彩静物写生的光源有着明显的区别，这就决定了色彩的变化规律有所不同。太阳光在一天中不同的时段冷暖会有不同的变化，早晨与傍晚光色较暖，中午相对较冷，总体看太阳光属于暖色光。所以多数情况下，被照射物体的受光面较暖，亮部呈现出偏黄的色彩倾向。建筑景观的背光面则时刻在天空的笼罩下，形成比较冷的色彩倾向，整体呈现出偏蓝紫色的色彩倾向，并且与受光面色彩的冷暖对比较强（图 5.1–1）。因此，在阳光照射下，建筑景观呈现出“受光暖”“背光冷”的色彩变化规律，所以我们要在建筑景观写生中明确光源的变化对物体色彩冷暖的影响，并适应这种变化。

在阴天的时候，光源属于冷色光，户外建筑及其他物体色彩变化规律

图 5.1–1 建筑景观的色彩

与室内静物写生基本相同，但光色的具体色彩倾向略有区别，这需要我们在实践中进行细致地观察和总结。另外，建筑景观色彩还存在“近暖远冷”“近纯远灰”的变化规律，由于空气透视，即在空气中含有烟尘、水汽，使我们看到近处的景物色彩饱满、清晰度高、对比强烈，而随着空间的推移，远处的景物对比逐渐减弱，色彩偏冷，并且变得灰淡无力，这种现象也叫“色彩透视”，写生中要充分利用这种自然变化，能够增强画面的空间感（图 5.1–2）。

图 5.1–2　纯度、冷暖与虚实

3. 建筑景观的色彩关系

建筑景观的色彩关系包括素描关系、冷暖关系、色彩的协调与对比关系，它着重于画面色彩，无论是表现静物、景观，还是其他，在目的及方法上都是一致的。因此，除个体冷暖关系外，水彩建筑景观的色彩关系可以按照静物写生的方法进行处理。

4. 水彩建筑景观写生的步骤

水彩建筑景观写生的步骤与静物写生的步骤基本相同，一般要遵循先画亮色、后画暗色，从上到下、从左到右着色，先整体、后局部的方法。步骤如下：

水彩建筑景观写生的步骤（上）

水彩建筑景观写生的步骤（下）

（1）起稿

用 HB~2B 铅笔将物体轮廓、明暗交界线及基本结构表现在水彩纸上，注意主体物的细节表现与远处景物的概括表现（图 5.1–3）。

（2）着色（铺大色）

1）先以湿画法铺天空色彩。水彩景观一般要从天空开始画起，因为远处景物与天空相接，其边缘线要处理的虚一些，先以湿画法画天空，趁其颜色未干时画远景就可以达到这一目的。所以铺天空颜色时，因其明度较高，色彩可以覆盖在远景的轮廓，以便铺远景色彩时形成虚边效果。

2）趁湿画出与天空相接的远景色彩，让远景与天空色彩产生融合渗透形成朦胧模糊的效果，这样可以造成深远的空间氛围（图 5.1–4），注意远景色彩要灰一些、冷一些。

3）逐渐向下、向右铺出中景、近景的色彩，注意“先亮后暗”的铺色顺序及干湿画法的交替运用（图 5.1–5~ 图 5.1–8）。

图 5.1–3　起稿

图 5.1–4　铺大色—远景

图 5.1–5　铺大色—河水

图 5.1–6　铺大色—船

图 5.1–7　铺大色—河岸

图 5.1–8　铺大色—近景亮部

（3）深入刻画

以干画法为主画出每个物体的细节，丰富色彩层次，近处的色彩纯度与对比度要画得强烈一些，注意远近景的虚实对比关系（图 5.1−9、图 5.1−10）。

（4）完成

最后将大树的枝叶表现出来，注意树叶表现要概括，树干色彩层次要富有变化，然后检查画面局部存在的不足之处，适当调整（图 5.1−11）。

图 5.1−9　深入刻画—近景暗部（上）
图 5.1−10　深入刻画—树干（中）
图 5.1−11　完成（下）

审美与素养拓展

中国建筑园林景观之美

中国古典建筑园林被称为世界园林之首，是世界三大园林体系重要组成部分，是集美学、哲学、文学、建筑等于一体的人类宝贵的文化遗产，是中华优秀传统文化的重要载体。中国古典园林如诗如画，加之造型优美的古建筑，成为人类历史上不朽的艺术，这是人们向往自然、与自然和谐共生、追求精神美的高层次审美创造。中国古典园林之美主要体现在以下几个方面：

（一）意境之美

中国古典园林的主要构成元素——建筑、亭台、楼阁、池塘、山石、草木，它们本身所体现的美是局限的，而它们组合后所营造的使观者在身心与情感上感受的空间美，则是更高级的意境之美。意境之美超越了建筑和自然景观，而是寄寓某种情趣和遐想的心灵空间，正是“多方胜景，咫尺山林”的写照。

（二）自然之美

园林景观通常是由自然景观和人文景观构成的，中国古典园林的根本理念是崇尚自然，所以自然美是人们追求的审美意象。当人文景观融合在大自然的生机天趣中，人们能够获得更高雅的审美体验，在自然美中获得“心旷神怡”的高阶审美享受。

（三）诗画之美

“凝固的诗、立体的画”是对中国古典园林最恰当的形容。中国古典园林是流动的立体山水画，身置其中，如游画中。园林布局中不仅有优美的自然山水构图，更讲求有隽永的雅意，让“画中的诗，诗中的画”，诗、画与景融为一体，营造出山水诗画的意境（图 5.1-12）。

图 5.1-12　建筑园林景观

课中（实践）

5.1.2　水彩建筑景观写生实践（表 5.1–3）

任务 1　水彩建筑景观写生（一）任务书　　表 5.1–3

序号	任务内容	完成时间（分钟）	要求	工具	评价标准（100 分）	
1	水彩建筑景观写生（图 5.1–13）	160	1. 自行选取景物或以图 5.1–13 为写生对象进行写生； 2. 色彩关系和谐，对比明确； 3. 形体比例、透视、明暗关系准确，空间感强，有一定的细节刻画； 4. 在规定时间内完成	1. 4 开画板； 2. 4 开水彩纸； 3. 水彩颜料、颜料盒、调色盘、水彩画笔、涮笔筒、抹布； 4. HB 铅笔、绘画橡皮	裱纸	5 分
					工具	5 分
					色彩关系	50 分
					技法	20 分
					完成情况	10 分
					学习态度	10 分

写生提示：

1. 该组景观整体呈现暖色调气氛。
2. 表现树和红色房子需要注意色彩的协调与对比关系。
3. 水波纹可采用干湿结合的技法表现，用笔、用色要注意概括。

图 5.1–13　建筑景观写生对象

课后（拓展）

5.1.3　水彩建筑景观临摹与知识测试（表 5.1–4）

课后拓展说明与要求　　表 5.1–4

序号	拓展内容	完成时间（分钟）	要求	工具	评价标准（100 分）	
1	水彩建筑景观临摹（图 5.1–14）	120	1. 按照原作技法、效果进行表现，完成作品接近原作效果； 2. 在规定时间内完成	1.4 开画板； 2.4 开水彩纸； 3. 水彩颜料、颜料盒、调色盘、水彩画笔、涮笔筒、抹布； 4.HB 铅笔、绘画橡皮	裱纸	5 分
					工具	5 分
					色彩关系	40 分
					技法	20 分
					完成情况	10 分
					学习态度	10 分
2	任务 1 测试题	10	按时完成 10 道知识测试题，允许对照答案	手机或电脑	答题情况	10 分

1. 水彩建筑景观临摹（图 5.1–14）

图 5.1–14　水彩建筑景观作品

2. 任务 1 测试题

扫描二维码答题。

任务 1 测试题

5.2　任务2　水彩建筑景观写生（二）

水彩建筑景观写生需要多次表现不同色调、不同色彩、不同形体及构图的写生对象，才能更充分地掌握水彩建筑景观写生的方法，达到建筑手绘需要的造型能力。本次任务课中表现内容难度有所增加，从构图到表现都需要严谨推敲。学习过程中要合理统筹课前、课中与课后学习内容与实践，高效率地完成任务（表5.2-1、表5.2-2）。

学习目标与过程　　　　**表5.2-1**

学时	能力目标	知识目标	素质目标	学习过程
4	提高水彩建筑景观的整体造型能力	1.进一步掌握水彩建筑景观的技法； 2.进一步掌握户外光与色的变化规律及表现方法； 3.进一步掌握构图的归纳和整理方法	1.树立生态文明绿色发展理念，树立人与自然和谐共生、共建美丽中国的思想； 2.增强文化自信，树立家国情怀	1.课前 （1）预习5.2.1中的知识与方法； （2）准备相关工具和材料 2.课中 完成水彩建筑景观写生实践 3.课后 完成建筑景观色彩分解与重组作业与测试题

任务导读与要求　　　　**表5.2-2**

任务描述	任务分析	相关知识与方法	重难点	实施步骤与要求
任务2　水彩建筑景观写生（二）表现对象是由建筑及周围自然界配景组成的景观，通过该任务实践进一步掌握色彩建筑景观写生的方法。学生要在要求的时间内完成课前、课中与课后的学习任务	1.该组景观由建筑群、树木、天空、栅栏、小路及其他配景组成，画面空间层次较为简单，整体呈现暖色调气氛； 2.景物中树木较多，可适当减少近景树，注意红色房子与树形成对比关系； 3.土地与小路要整体、概括，避免出现花、乱、琐碎的现象	1.水彩建筑景观的构图； 2.光与色的变化； 3.水彩建筑景观的技法； 4.水彩建筑景观的表现方法与步骤	1.水彩建筑景观的技法； 2.水彩建筑景观的表现方法与步骤	1.课前 （1）预习5.2.1知识与方法； （2）准备好色彩工具与材料； （3）认真听取老师答疑 2.课中 （1）汇报预习情况； （2）认真听取老师对重点问题的讲解； （3）认真观看老师任务示范； （4）完成水彩建筑景观写生实践 3.课后 （1）完成测试题； （2）完成建筑景观色彩分解与重组作业

课前（预习）

5.2.1 知识与方法

回顾 5.1.1 知识与方法。

课中（实践）

5.2.2 水彩建筑景观写生实践（表 5.2–3）

任务 2 水彩建筑景观写生（二）任务书　　表 5.2–3

<table>
<tr><th>序号</th><th>任务内容</th><th>完成时间（分钟）</th><th>要求</th><th>工具</th><th colspan="2">评价标准（100 分）</th></tr>
<tr><td rowspan="6">1</td><td rowspan="6">水彩建筑景观写生（图 5.2–1）</td><td rowspan="6">160</td><td rowspan="6">1. 自行选取景物或以图 5.2–1 为写生对象进行写生；
2. 构图合理，色彩关系和谐；
3. 形体比例、透视、明暗关系准确，空间感强，有一定的细节刻画；
4. 在规定时间内完成</td><td rowspan="6">1. 4 开画板；
2. 4 开水彩纸；
3. 水彩颜料、颜料盒、调色盘、水彩画笔、涮笔筒、抹布；
4. HB 铅笔、绘画橡皮</td><td>裱纸</td><td>5 分</td></tr>
<tr><td>工具</td><td>5 分</td></tr>
<tr><td>色彩关系</td><td>50 分</td></tr>
<tr><td>技法</td><td>20 分</td></tr>
<tr><td>完成情况</td><td>10 分</td></tr>
<tr><td>学习态度</td><td>10 分</td></tr>
</table>

写生提示：

1. 该组景观整体呈现暖色调气氛。
2. 表现树和红色房子需要注意色彩的协调与对比关系。
3. 构图时注意树木的概括和取舍，表现中注意前后层次的区分。

图 5.2–1 建筑景观写生对象

审美与素养拓展

绘大好河山，心怀生态自然

建筑景观通常由建筑与自然风景构成，自然风景所传达出的自然之美，是古往今来人们所向往和追逐的高层次的美，体现出人与自然的和谐与共生。我国古人崇尚“天人合一”的思想，这一点在古代园林、建筑景观中有充分体现。所以我们感受自然之美、表现自然之美，源于我们对自然的热爱、尊重与敬畏。所以，要积极倡导环保意识，树立生态文明绿色发展理念，维护物种多样性和生态系统多样性。

绿水青山就是金山银山

（摘自“学习强国”学习平台，2021年09月30日绿水青山就是金山银山）

在色谱中，绿色是冷暖边缘的中立者。
它是盈满晨曦的森林，
是自由飘摇的海藻，
是拂过天际的极光，
也是绝处逢生的绿洲。
中国绿，不同于中国红，中国黄……
它既不雍容，也不华贵，
只于平实包容中绽放着生活的温柔缱绻。
春用绿色装点，才有希望；
夏用绿色支配，才有力量；
秋用绿打基础，才有收获；
冬用绿色孕育，才有新生。
绿是水的颜色，是山的颜色，它覆盖了整个地球。
高山流水网罗曲径通幽，碧云青天囊括浩瀚宇宙。
“湖上青山翠作堆，葱葱郁郁气佳哉。
笙歌丛里抽身出，云水光中洗眼来。”
古人赞咏绿色是广义的绿色，
染却河川山野，不占有不私藏，
尊重生命、尊重自然，
尊重人与其他生命体的和谐关系。
爱绿色就是爱一切生命，愿与一切生命体为朋侣。
而中国梦中的那抹绿色——

那一抹翠绿，是第一抹翠绿，也是最重要的绿。
那一抹翠绿，点燃了曾经的豪情梦想；
那一抹翠绿，雨化了黄土的苍凉与忧伤；
那一抹翠绿，温馨了城市暂时的家；
那一抹翠绿，暖化了陌生的心墙。
绿色，是奉献的化身。
它给植物送去生命，让大地充满生机。
盛夏一抹绿烟翠，撷取人间草木心，
绿是老师办公室的那盆仙人掌，目睹着老师由黑发到白头；
沃野涌绿千里春，苍山有翡万木秀，
绿是那一身身橄榄色的军装，屹立在祖国的海防、边疆。
故事在梦中招摇，青山，绿水，满江的歌唱，
我是你年轻的绿色，永远爱着世间尘芳。
在花与草的梦里，源远流长，万寿无疆。

课后（拓展）

5.2.3　建筑景观色彩的分解与重组及知识测试（表 5.2–4）

课后拓展说明与要求　　表 5.2–4

序号	拓展内容	完成时间（分钟）	要求	工具	评价标准（100 分）	
1	建筑景观色彩的分解与重组（图 5.2–2）	120	1. 按照步骤进行景观色彩分解与重组表现； 2. 文字总结要围绕形体、冷暖关系、色彩的对比与协调等逐条分析	1. 4 开画板； 2. 4 开水彩纸； 3. 水彩颜料、颜料盒、调色盘、水彩画笔、涮笔筒、抹布； 4. HB 铅笔、绘画橡皮	裱纸	5 分
					工具	5 分
					色彩关系	40 分
					技法	20 分
					完成情况	10 分
					学习态度	10 分
2	任务 2　测试题	10	按时完成 10 道知识测试题，允许对照答案	手机或电脑	答题情况	10 分

1. 建筑景观色彩的分解与重组

（1）建筑景观色彩分解与重组的步骤

1）从“建筑景观色彩分解与重组素材”中选择一张景观图 [图 5.2–2（*a*）]；

2）将图中主要景观造型的客观色彩由亮到暗分别提取出 3~5 个层次，用色块序列表现，每个色块大小为 2cm × 3cm[图 5.2–2（*b*）]；

3）分析客观色彩在对比与协调中存在的不足，建立适合画面表现的主观色彩平面序列 [图 5.2–2（*c*）]；

4）用铅笔将景观图以线描的形式表现出来，然后根据提取出的色彩为画面着色 [图 5.2–2（*d*）]；

5）用文字分析建筑景观色彩的特点及用色经验。

（2）建筑景观色彩分解与重组实践

在“建筑景观色彩分解与重组素材”中选择一张景观照片，按步骤进行景观色彩分解与重组表现。

建筑景观色彩的分解与重组

图 5.2-2　建筑景观色彩分解与重组的步骤
（a）景观图片；（b）客观色彩；（c）主观色彩；（d）完成作品

任务 2 测试题

2. 任务 2 测试题
扫描二维码答题。

建筑景观色彩分解与重组素材

水彩建筑景观临摹与赏析作品

6

Mokuailiu　Sheji Secai Biaoxian（Xuanxiu）

模块六
设计色彩表现（选修）

设计色彩能力概述

建筑造型基础训练的最终目的是由造型训练走向设计表现，造型基础与设计表现之间需要一个衔接环节，设计色彩训练模块成为这个衔接的桥梁，能够让我们掌握效果图表现的方法，从而顺利地走向专业设计表现。因此，设计色彩实践是将造型能力加以提炼和升华的环节，在整体训练体系中具有不可替代的作用（表 6–1）。

设计色彩表现学习内容与目标 **表 6–1**

任务名称	课前（预习）	课中（实践）	课后（拓展）	课中学时	达成目标
任务1 效果图色彩设计与表现（一）	1. 设计色彩概述； 2. 效果图色彩设计与表现的方法； 3. 色彩情感因素的运用	1. 效果图色彩设计与表现的步骤； 2. 色彩设计实践	1. 效果图色彩设计； 2. 测试题	4	1. 掌握效果图色彩设计与表现的方法、步骤； 2. 具有效果图手绘表现的能力
任务2 效果图色彩设计与表现（二）	回顾 6.1.1 知识与方法	效果图色彩设计与表现实践	测试题	4	

6.1　任务 1　效果图色彩设计与表现（一）

设计色彩的目标方向是我们即将从事的专业设计，当我们的设计方案及基本的绘制工作完成时，需要为设计方案效果图施加色彩元素，让人看起来真实、自然、生动，具有视觉感染力和艺术效果。效果图色彩设计与表现所需要的知识与能力其实通过前面的单元训练我们已经掌握，只是在表现过程中需要将各部分知识进行整合，整个过程涵盖了透视、结构素描表现、构图、色调、色彩的协调与对比、色彩关系、色彩的分解与重组、风景画表现技法等方面的知识与能力，是对造型能力综合运用的过程（表 6.1–1、表 6.1–2）。

学习目标与过程　　**表 6.1–1**

学时	能力目标	知识目标	素质目标	学习过程
4	具备效果图色彩设计和表现的能力	1. 掌握效果图色彩设计与表现的方法； 2. 掌握效果图色彩设计与表现的步骤	1. 热爱优秀的中华传统文化； 2. 认识中国精神，树立家国情怀	1. 课前 （1）预习 6.1.1 中的知识与方法； （2）准备相关工具和材料 2. 课中 完成效果图色彩设计与表现实践 3. 课后 完成效果图色彩设计与测试题

任务导读与要求　　**表 6.1–2**

任务描述	任务分析	相关知识与方法	重难点	实施步骤与要求
任务 1　效果图色彩设计与表现（一）实践内容为建筑效果图色彩设计与表现，通过该任务实践掌握建筑效果图的表现方法。学生要在要求的时间内完成课前、课中与课后的学习任务	1. 效果图色彩设计与表现首先要绘制效果图线稿，绘制线稿与绘画起稿有所不同，线条要均匀、细致、工整； 2. 线稿提供了建筑、树木及其他配景的具体形态，没有明暗与色彩元素，具体的明暗关系、色彩关系及色调需要设计并表现	1. 设计色彩概述； 2. 效果图色彩设计与表现的方法； 3. 色彩情感因素的运用； 4. 效果图色彩设计与表现的步骤	1. 效果图色彩设计与表现的方法； 2. 效果图色彩设计与表现的步骤	1. 课前 （1）预习 6.1.1 知识与方法； （2）准备好色彩设计工具与材料； （3）认真听取老师答疑 2. 课中 （1）汇报预习情况； （2）认真听取老师对重点问题的讲解； （3）认真观看老师任务示范； （4）完成效果图色彩设计与表现实践 3. 课后 （1）完成测试题； （2）完成效果图色彩设计专业

设计色彩概述

课前（预习）

6.1.1 知识与方法

1. 设计色彩概述

设计色彩，简单地说就是对设计对象的颜色进行设计和表现。设计对象包括平面的、立体的，单色的、多色的、客观的和主观的，立体形象的色彩设计要符合客观规律，具有真实感，设计中要以色彩造型规律为基本原则，同时要富有艺术性的视觉效果。任何一种设计的最终目的都是应用，在设计过程中，通常都要将设计对象的效果图表现出来予以展示、评价与宣传，效果图的质量是对设计作品进行评价的重要标准。因此，效果图色彩设计与表现是将设计作品以直观形象传达给观者的关键环节，在整体设计环节中具有不可替代的作用。

2. 效果图色彩设计与表现的方法

建筑效果图色彩设计与表现包括线稿表现、色彩设计、色彩表现三个环节。

（1）线稿表现

线稿表现是为设计对象建立一个具体形象的过程，是素描造型知识与能力的运用过程，主要注意构图、透视与形体比例等问题。线稿表现不能像绘画起稿那样用笔，因为所描绘对象是一张效果图，要用效果图专用的手法来表现形体，线条要工整、精细、标准，画直线一定要用尺子，铅色要一致，也可以用针管笔进行绘制。

（2）色彩设计

色彩设计是为画面中的各个物体设计基本的色相、色调及表现形体的基本色彩。色相设计过程中要以景观写生中的现实景物色彩为参考依据，再加以提炼、升华，使色彩效果生动。定色时要运用色相对比、明度对比、冷暖对比、纯度对比等色彩知识，要注意不同色相的合理搭配。

一幅绘画作品要有明确的色调，一幅效果图也是如此，画面是冷调还是暖调、是早晨还是黄昏、是阴雨还是晴天，这些因素都影响着画面的主题表达与整体氛围，所以要为画面确定一个明确的色调。表现画面的基本色彩是根据已经确定好的色相、色调，依据写生和色彩分解中的明暗关系、冷暖关系等因素确定画面的基本用色，将每个物体分解出多个具体的明暗、冷暖色块。这个过程涉及色调、冷暖关系、素描关系、色彩的协调与对比、光与色的关系等综合知识的运用。

（3）色彩表现

色彩表现就是将设计好的平面色彩，按照明暗和冷暖关系表现于效果图线稿上，是最为关键的阶段。这一阶段决定着画面效果，既考查着绘画能力，又检验着对水彩技法的驾驭能力。绘制时用笔要收敛，不能像画水彩风景那样随意、洒脱，要严格把色彩画到每个形体边缘线之内，颜色与边缘线不能有空隙。这一阶段并不是简单地把已经设计好的颜色添加到指定的轮廓内，而是在此基础上，可以进一步的扩展，运用色彩的协调与对比，使画面更具表现力。

绘制时不能完全依赖于绘画工具，要多运用效果图制作工具。比如描绘细节的笔可选用号码不等的叶筋笔，画小面积色块可用大白云、小白云等国画用笔。

3. 色彩情感因素的运用

色彩作为一种视觉反应，能够影响人的生理与心理，不同的色相、不同的冷暖能给人带来情绪上的变化，比如高兴、兴奋、悲伤、压抑、苦涩、甜蜜等心理反应，这就是色彩的情感特征。进行色彩设计时要注意色彩情感对画面的影响，从整体色调的倾向到具体造型的色相都要考虑这一问题。为对象确定色相及建立色调时，要考虑表现主题、气氛在情感上的一致性。比如，对象的主题是海边别墅，本想为画面建立一个清凉、宁静、惬意的气氛，而画者为画面建立了一个暖色调，别墅色相选择了高纯度的红色，画面呈现出炎热、烦躁的气氛，这就与预期效果完全背离了，失去了应有的意境。因此在处理色彩情感问题时，要考虑不同色相、色调与主题的统一性。所以我们必须要掌握不同色彩的情感特征。

（1）红色

红色是极暖的颜色，象征着热情、奔放、喜庆、吉祥、火热、积极，容易让人联想到火、血、喜事等。

（2）绿色

绿色是一种中性色，象征着自然、生命、清新、平和、茂盛、生气，可以让人联想到草地、树、乡村、公园、春天等。

（3）蓝色

蓝色是极冷的颜色，象征宁静、悠远、寒冷、和平等，可以让人联想到海洋、天空、极地等。

（4）黄色

黄色是一种暖色，象征着富贵、丰收、光明、希望、财富，可以让人联想到阳光、秋天、人体、黄金等。

（5）橙色

橙色是一种暖色，象征着收获、黄昏、明朗、快乐、力量，可以让人联想到饱满、华丽、甜美等。

（6）紫色

紫色是一种中性色，给人印象深刻象征着神秘、忧郁、优雅、高贵、哀愁、梦幻，有时给人以压迫、恐怖的感觉，常让人联想到葡萄、牵牛花等。

审美与素养拓展

中华传统文化中的色彩设计

在我国悠久的历史文化中，中华传统色彩，不仅融合了传统文化的精髓，更以其鲜明的审美特色形成了独一无二的色彩体系，犹如一枝独秀，在世界文化艺术史上璀璨生辉。中华传统色彩，是我国古人在认识和观察天地万物的过程中，将“青、白、黄、赤、黑”五种色彩构建成具有深厚文化内涵色彩体系，并通过长期地实践形成独特的色彩设计理念，反映出古人对色彩独到的理解和创造。

中华传统色彩与西方通过自然科学认识的色彩相比，既有共同之处，又有人文特色。中华传统色彩在设计和应用过程中更注重色彩的象征意义。古人将传统五色运用在绘画、染织、建筑、器物等领域，已经形成了成熟的色彩设计理念，注重色彩搭配，不仅体现出高级的审美品位，更是通过色彩传达出浓厚的文化品位。这一点充分体现在古代服饰和建筑上。在古建筑中，红色、青色、黄色等被巧妙地组合在装饰纹案和建筑结构上，构成大气、炫丽、富有民族特色的东方韵味。在绘画中，黑色体现出神奇的力量，黑色线条与白色纸张的结合，交织出中国画独有的气韵。

中华传统色彩来自于天地自然，来自于我们的古老文明，遍布于神州大地，是中华传统文化的瑰宝，古人对传统色彩独立而统一的设计风格一直被沿用至今，厚重的文化内涵、高级的审美品位是中华文明不可或缺的组成部分，将一直激励着中华儿女自强不息、奋进创新！

课中（实践）

6.1.2　效果图色彩设计与表现实践（表 6.1–3）

任务 1　效果图色彩设计与表现（一）任务书　　　　表 6.1–3

序号	任务内容	完成时间（分钟）	要求	工具	评价标准（100 分）	
1	效果图色彩设计与表现（一）	160	1. 按步骤进行色彩设计； 2. 色彩关系和谐，色调恰当； 3. 形体比例、透视、明暗关系准确，细节刻画到位； 4. 画面工整，主次得当，有氛围； 5. 配景可根据需要适度增减	1. 4 开画板； 2. 4 开水彩纸裱纸； 3. 水彩画工具、叶筋笔与大白云毛笔； 4. 铅笔、针管笔、绘画橡皮、硫酸纸、直尺等	工具材料	10 分
					线稿表现	20 分
					色相设计	20 分
					色调设计	10 分
					表现	20 分
					完成情况	10 分
					学习态度	10 分

1. 效果图色彩设计与表现的步骤

（1）线稿表现

1）将设计对象图稿用铅笔画在 8 开硫酸纸上；

2）将图稿透到 8 开水彩纸上，并利用绘图工具将图稿上建筑的线条矫正（图 6.1–1）。

效果图色彩设计与表现的步骤

图 6.1–1　线稿表现

（2）色彩设计

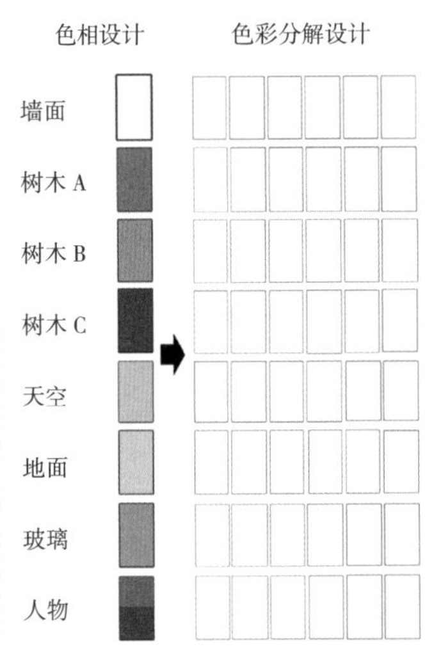

图 6.1-2 色相设计

1）色相设计

为画稿上的每个物体及环境设计基本的色相，确定后将各个色相画在 8 开水彩纸左上方指定大小的方格内，并用文字标明是哪个物体的颜色，每个方格大小为 3cm×2cm（图 6.1-2）。

2）色调设计

根据画稿题目和作者设计意图确定画面色彩格调（冷调或暖调），注意色彩格调要与主题吻合。以此原则，将图 6.1-1 画面设定为冷调供参考。

3）色彩分解设计

根据总体色调和色相设计，将每个物体的色彩分解为 4~6 个色阶，每组色阶要根据素描关系、冷暖关系和色彩的协调对比关系建立，要全方面的体现出色彩关系，按照色彩写生的规律和色彩分解经验来设计，不可以违反色彩变化规律（图 6.1-3）。

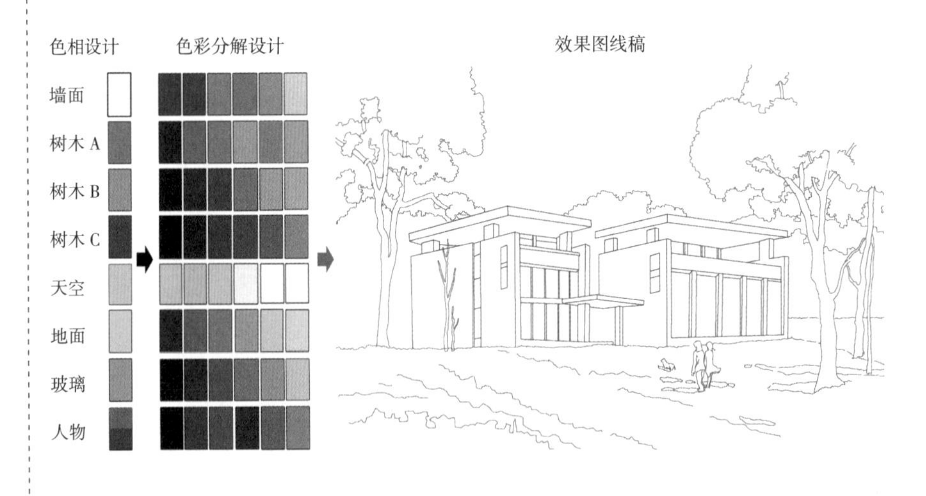

图 6.1-3 色彩分解设计

（3）色彩表现

按照设计好的色彩，在 8 开画纸的画稿上着色，注意运用水彩画综合技法绘制画面不同位置的景物，天空要用湿画法均匀地晕染，建筑、树木等要干湿画法结合，细节刻画要精益求精（图 6.1-4）。

2. 色彩设计实践

为图 6.1-5 的建筑效果图进行色彩设计与表现（图 6.1-5）。

图 6.1-4　色彩表现

图 6.1-5　色彩设计与表现对象 A

课后（拓展）

6.1.3 效果图色彩设计与知识测试（表 6.1–4）

课后拓展说明与要求 **表 6.1–4**

<table>
<tr><th>序号</th><th>拓展内容</th><th>完成时间（分钟）</th><th>要求</th><th>工具</th><th colspan="2">评价标准（100 分）</th></tr>
<tr><td rowspan="6">1</td><td rowspan="6">效果图色彩设计（图 6.1–6）</td><td rowspan="6">80</td><td rowspan="6">1. 按步骤进行效果图色彩设计与表现的前三个步骤；
2. 线稿形体比例、透视准确，细节表现到位；
3. 色相设计准确，符合客观视觉效果；
4. 色彩设计明度层次与冷暖层次丰富，色调和谐</td><td rowspan="6">1.4 开画板；
2.4 开水彩纸裱纸；
3. 水彩画工具、叶筋笔与大白云毛笔；
4. 铅笔、针管笔、绘画橡皮、硫酸纸、直尺等</td><td>工具材料</td><td>10 分</td></tr>
<tr><td>线稿表现</td><td>20 分</td></tr>
<tr><td>色相设计</td><td>20 分</td></tr>
<tr><td>色调设计</td><td>10 分</td></tr>
<tr><td>表现</td><td>20 分</td></tr>
<tr><td>完成情况</td><td>10 分</td></tr>
<tr><td>2</td><td>任务 1 测试题</td><td>10</td><td>按时完成 10 道知识测试题，允许对照答案</td><td>手机或电脑</td><td>答题情况</td><td>10 分</td></tr>
</table>

1. 效果图色彩设计（图 6.1–6）

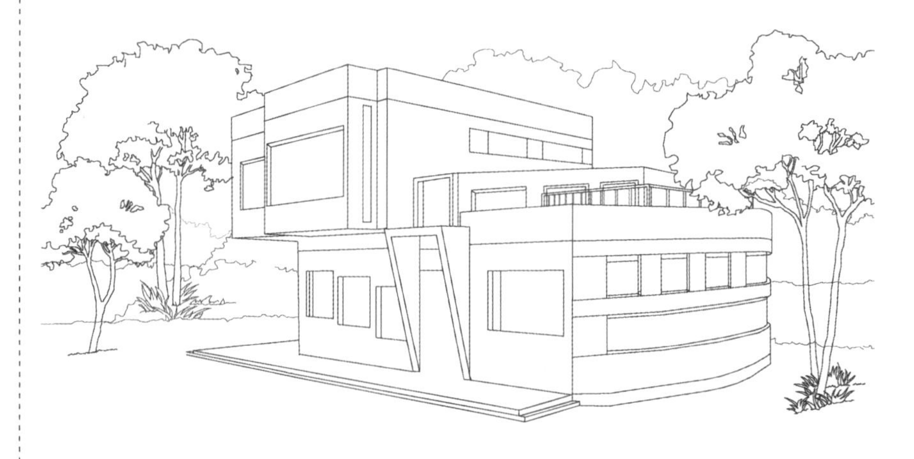

图 6.1–6 色彩设计与表现对象 B

2. 任务 1 测试题

扫描二维码答题。

任务 1 测试题

6.2 任务 2 效果图色彩设计与表现（二）

本次任务主要是进行效果图色彩的表现实践，是任务 1 课后实践内容的延续，即在已完成的效果图色彩设计基础上，进行色彩表现。实践过程中，要总结任务 1 中出现的问题及原因，主动寻求解决办法，尽力完善本次任务（表 6.2–1、表 6.2–2）。

学习目标与过程 **表 6.2–1**

学时	能力目标	知识目标	素质目标	学习过程
4	具备效果图色彩设计和表现的能力	1. 掌握效果图色彩设计与表现的方法； 2. 掌握效果图色彩设计与表现的步骤	1. 培养精益求精的工匠精神； 2. 热爱优秀的中华传统文化	1. 课前 （1）预习 6.2.1 中的知识与方法； （2）准备相关工具和材料 2. 课中 完成效果图色彩设计与表现实践 3. 课后 完成任务测试题

任务导读与要求 **表 6.2–2**

任务描述	任务分析	相关知识与方法	重难点	实施步骤与要求
任务 2 效果图色彩设计与表现（二）的实践内容为建筑效果图色彩设计与表现，通过该任务实践掌握建筑效果图的表现方法。学生要在要求的时间内完成课前、课中与课后的学习任务	1. 该任务效果图线稿已经绘制完毕，实践时间充足，可对已完成内容进行进一步推敲和完善，再进行色彩表现； 2. 在色彩表现前，明暗关系和色彩效果可以画一张草图进行试验，检验已设计完成的色彩否存在问题； 3. 具体表现过程中要注意细节的刻画	1. 效果图色彩表现的方法； 2. 色彩情感因素的运用； 3. 效果图色彩设计与表现的步骤	1. 效果图色彩表现的方法； 2. 效果图色彩设计与表现的步骤	1. 课前 （1）预习 6.2.1 知识与方法； （2）准备好色彩设计工具与材料； （3）认真听取老师答疑 2. 课中 （1）汇报预习情况； （2）认真听取老师对重点问题的讲解； （3）认真观看老师任务示范； （4）完成效果图色彩设计与表现实践 3. 课后 完成测试题

课前（预习）

6.2.1 知识与方法

回顾 6.1.1 知识与方法。

课中（实践）

6.2.2 效果图色彩设计与表现实践（表 6.2–3）

任务 2 效果图色彩设计与表现（二）任务书 表 6.2–3

序号	任务内容	完成时间（分钟）	要求	工具	评价标准（100 分）	
1	效果图色彩设计与表现（二）	160	1. 按步骤进行色彩设计； 2. 色彩关系和谐，色调恰当； 3. 形体比例、透视、明暗关系准确，细节刻画到位； 4. 画面工整，主次得当，有氛围； 5. 配景可根据需要适度增减	1.4 开画板； 2.4 开水彩纸裱纸； 3. 水彩画工具、叶筋笔与大白云毛笔； 4. 铅笔、针管笔、绘画橡皮、硫酸纸、直尺等	工具材料	10 分
					线稿表现	20 分
					色相设计	20 分
					色调设计	10 分
					表现	20 分
					完成情况	10 分
					学习态度	10 分

为该效果图线稿进行色彩设计与色彩表现（图 6.2–1）。

图 6.2–1 色彩设计与表现对象 C

课后（拓展）

6.2.3　任务 2 知识测试（表 6.2–4）

课后拓展说明与要求　　表 6.2–4

序号	拓展内容	完成时间（分钟）	要求	工具	评价标准（10 分）	
1	任务 2 测试题	10	按时完成任务 2 的 10 道知识测试题，允许对照答案	手机或电脑	答题情况	10 分

扫描二维码答题。

任务 2 测试题

审美与素养拓展

“精于工，匠于心，品于行”的工匠精神

绘画与设计无论在古代还是现代，都属于技艺领域，需要全身心投入，精益求精、一丝不苟地完成整个每一个细节，这是“精于工，匠于心，品于行”的工匠精神的具体体现。“精于工”，用严谨、精湛的技艺把工作做到极致；“匠于心”，用心、尽心、全神贯注投入其中，方可成为“能工巧匠”；“品于行”，品质在于践行，以高尚的品德用心实践，可以在成功的路上走得更远。“精于工，匠于心，品于行”诠释了工匠精神的全部精髓，它不仅是职业岗位应该具备的一种精神，也是我们进行专业学习、进行专业实践中需要具备的素质和动力，在学习中做到精于工、匠于心、品于行，经过千锤百炼才会做到厚积薄发，在时间的淬炼下不断追求卓越品质，感受时代之美、品质之美，从工匠精神中汲取一往无前的力量。

后 记

《建筑造型基础》一书编写团队由全国多家高职院校的一线教师、专家和相关企业工程师、设计师组成，团队成员长期从事建筑造型基础的教学、科研与实践工作，其中具有高级专业技术职务人员超过 50%，双师型教师达 90%，团队成员多次在国家级、省级赛事中获奖，近五年发表论文、专著达六十余部，主持、参与科研课题研究达十余项，具有丰富实践经验和科研成果，为教材编写提供了雄厚科研基础和智力支持。本次教材编写力求达到高度契合高职教学模式、高效达成教学目标、高质培养学生能力的“三高目标”，我们在编写过程中始终朝着这个目标努力。

在编写过程中，团队成员经过大量的调研与收集资料，整理出数据分析结果，并多次进行推敲与论证，确定了本书的结构形式与内容。根据不同院校造型基础课程在内容与学时分配均存在一定差异的问题，编写团队经过认真研究，结合当前高职院校教学发展动态、造型基础课的性质、目的以及课程标准，最终确定了本书六个模块及相应的学时分配。本书在学时设置上仅供参考，不同院校可根据自身实际进行增减。在关于“建筑景观素描表现”和“建筑景观水彩表现”这两个概念以及具体表现内容的确定上，进行了严谨的论证并得出结论，即建筑景观表现比传统的“风景表现”的内容范围要小，能够精准对应建筑设计专业效果图及手绘表现的内容，更具有专业实用性和效率保障。本书在形式与内容上有如下特色与创新：

一、与教学相统一的模块设计

全书由六个能力模块组成，每个模块对应一种造型能力，六种造型能力最终转化成专业技能。模块化设计更适合造型基础课程的教学与学习，因为绘画训练本身就是一个由浅入深、层层推进、逐渐积累能力的过程，需要把不同的造型能力汇总在一起，才能发挥出最佳的效果。

二、与教学实施过程相统一的任务设计

在任务设计的上，按照教学和学习过程分为课前、课中与课后三个板块，形成比较清晰的脉络，能够简洁、明确地体现出学习目标与内容，与教学实施过程形成高度的统一，更方便学生学习和提高学习效率。

三、课程内容的创新

1. 课中实践内容的创新

“设计色彩表现”模块中的效果图色彩设计与表现实践，整个过程汇集了前五个模块的知识、方法与能力，是对造型能力综合运用的过程，能够让学生将绘画与设计表现相融合，掌握效果图表现的基本方法，从绘画顺利过渡到专业设计。

2. 课后拓展内容的创新

课后拓展内容“造型分解与重组实践”和“色彩分解与重组实践”是经过实践检验的、行之有效的新型训练方式，它突破了单一的课后临摹，能够让学生在课后实践中更深刻地掌握形体结构的表现方法及规律、理解色彩的表现方法与变化规律，大幅度提高学习效率，促进造型能力的提升。

本书的编写，以党的二十大精神和党的教育方针为指引，坚持立德树人的根本任务，在知识与方法上坚持科学性、严谨性和规范性，重视学生能力和素质的同步提升，始终以“坚持为党育人、为国育才”为根本出发点，竭尽团队所能，为培养德智体美劳全面发展的社会主义建设者和接班人而贡献一份力量。

图书在版编目（CIP）数据

建筑造型基础 / 姜铁山，张大治主编；周幸子，吴路漫，孙耀龙副主编．-- 2 版．-- 北京：中国建筑工业出版社，2024. 9. --（住房和城乡建设部“十四五”规划教材）（全国住房和城乡建设职业教育教学指导委员会建筑设计与规划专业指导委员会规划推荐教材）（高等职业教育建筑与规划类专业“十四五”数字化新形态教材）.

ISBN 978-7-112-30201-7

Ⅰ. TU2

中国国家版本馆 CIP 数据核字第 2024H2Q552 号

《建筑造型基础（第二版）》是根据现代高等职业教育教学模式与教学方法、学生学情与学习方法进行编写的，能够满足学生课前、课中、课后各个学习环节的需要，运用信息化教学手段，建立与课堂同步的学习资源，与教学实施过程保持高度统一，学生可通过扫码线上观看教学视频，实现随时随地学习。整体呈现出多维立体化的教材形式。教材按课程内容分为六个模块，每个模块设有“学习内容与目标”以及具体的任务实践单元，学习内容与目标以表格形式呈现，能够直观地了解与具体任务相对应的学习过程、学习内容、学时以及最终目标；每个任务中都根据具体的课程内容，细化了学习目标与学习过程，为学生提供条例明确、思路清晰的学习方向。每个任务中的三个学习板块按照学习流程（课前、课中、课后）而设计对应的预习、实践和拓展内容，包括与内容相对应的信息化的学习方式、素质拓展等现代高职教材必备的元素。《建筑造型基础（第二版）》在形式与内容上具有较高的实用性，形式上呈现多维立体化，能够方便师生使用，充分满足教学与学习的需要。

本书为住房和城乡建设部“十四五”规划教材，适用于高等职业院校建筑设计专业、建筑装饰工程技术专业及相关专业，也可供爱好素描和水彩的入门者参考使用。

为更好地支持本课程的教学，我们向使用本书的教师免费提供教学课件，有需要者请与出版社联系，邮箱：jckj@cabp.com.cn，电话：（010）58337285，建工书院 http: //edu.cabplink.com。

责任编辑：杨　虹　尤凯曦　周　觅
文字编辑：袁晨曦
责任校对：赵　力

住房和城乡建设部“十四五”规划教材
全国住房和城乡建设职业教育教学指导委员会
建筑设计与规划专业指导委员会规划推荐教材
高等职业教育建筑与规划类专业“十四五”数字化新形态教材

建筑造型基础（第二版）

主　编　姜铁山　张大治
副主编　周幸子　吴路漫　孙耀龙
主　审　邹　宁

*

中国建筑工业出版社出版、发行（北京海淀三里河路 9 号）
各地新华书店、建筑书店经销
北京雅盈中佳图文设计公司制版
北京盛通印刷股份有限公司印刷

*

开本：787 毫米 ×1092 毫米　1/16　印张：14　字数：280 千字
2024 年 8 月第二版　2024 年 8 月第一次印刷
定价：**58.00** 元（赠教师课件）
ISBN 978-7-112-30201-7
（43603）

版权所有　翻印必究

如有内容及印装质量问题，请与本社读者服务中心联系
电话：（010）58337283　QQ：2885381756
（地址：北京海淀三里河路 9 号中国建筑工业出版社 604 室　邮政编码：100037）